U0136448

吃沙拉 SALAD

100道冷熱沙拉×100款獨門醬料

想把共享美味沙拉的時光
獻給所有人

　　我有一位愛吃沙拉的父親，讓我見識到沙拉的百變面貌！在寫這本書的過程中，我想起了曾吃過的無數種沙拉。而其中最讓我懷念的沙拉，是我六歲時每天早晨出現在餐桌上的沙拉。當時的情況還歷歷在目，弟妹們用吐司麵包沾著充滿回憶的即溶包玉米湯，母親在廚房裡切水果，父親則是和我們一起圍坐在餐桌旁，津津有味地吃著一盤豐盛的沙拉。

　　一般年輕人並不會把沙拉當成早餐，但我卻不同。因為父親的緣故，沙拉成為陪我長大的重要料理，也是我家餐桌上最常出現的一道菜。

這醬料真好吃！怎麼做？做起來真的這麼簡單嗎？

　　另外一個讓我開始享受沙拉的原因，是我的飲食習慣。我從小就不喜歡吃白米飯，也討厭放了很久的油膩小菜。平常的我不太挑食，但只要是放進冰箱裡再拿出來的小菜，我就不會去吃。

　　所以不管是以前在美國時還是現在，我都不太會做可存放的小菜，反而會直接把肉或魚做成主菜，搭配一大堆蔬菜來食用。舉例來說：烤五花肉時不會拿泡菜等醃漬小菜去沾醬，反而會搭配沙拉生菜一起吃。深愛著沙拉的我常會準備沙拉給家人和朋友吃，而吃過的朋友也開始請教我沙拉醬料的做法。

精選好看美味又健康的沙拉，全都收錄在這本書裡！

　　《超級食譜（暫譯）》料理雜誌的總編輯朴成洙（音譯）先生，曾多次品嘗我的沙拉作品。在某次機會下，他向我請教好吃醬料的秘訣，我不只傳授了醬料的做法，也把我的沙拉故事告訴了他，這就是各位手中這本書出版的契機。沙拉是對健康有益、又能幫助減肥的健康飲食，我很高興能夠充滿自信地把這些食譜集結成冊介紹給各位。我那半輩子都把沙拉當早餐的父親，現在雖然已經60多歲了，膽固醇指數竟然比20多歲的年輕人還要低，也沒有中老年人常見的糖尿病、高血壓等病症，血液更是乾淨到連醫生都驚訝的程度。當然，那並不全是因為吃沙拉的緣故，還要加上吃飯不過量和定期定量運動的習慣，才能有那樣的成果。

　　我希望透過這本書，將能夠享用美味沙拉的每一個瞬間，送給那些喜歡沙拉的人、喜歡但不知道該怎麼做的人，還有原本不喜歡沙拉的人。在書中，我挑選出可以用眼睛欣賞的美麗沙拉、可以盡情享用的美味沙拉，還有能夠讓身體健康的沙拉，並將我的真心一併收錄在本書中。我期許這本書能成為一本對所有讀者來說都非常有用的沙拉書。

2012年6月某個愉悅的早晨

料理研究家 池銀暸

contents

basic guide
製作美味沙拉的基本課程

chapter 1
適合搭配義大利麵、肉類料理的基本沙拉

V 表示未加肉類、海鮮、雞蛋、乳製品等食材，專為過敏體質準備的沙拉

chapter 2

適合搭配韓式料理的配菜沙拉

chapter 3

減輕身體負擔的減肥沙拉

chapter 4

低熱量、低卡路里的下酒菜沙拉

chapter 5

簡單又時尚的
宴客沙拉

recipe plus

100%活用剩下的沙拉

V 表示未加肉類、海鮮、雞
蛋、乳製品等食材，專為
過敏體質準備的沙拉

basic guide

製作美味沙拉的
基本課程

hand made

不要認為沙拉很簡單，製作沙拉是有難度的！
為了讓每個人都能做出美味沙拉，這裡介紹一
些開始製作沙拉前的必讀事項。首先，來看看
能讓沙拉美味的10個訣竅，只要跟著做每個人
都能做出超棒的沙拉！再來是我整理好的沙拉
食材挑選法和保存法、製作醬料的基本課程，
和適合亞洲人口味的黃金比例醬料應用法。書
中也針對一些大家比較陌生的材料做說明、介
紹購買地點和買不到時的替代方法等。現在就
讓我們一起輕鬆做沙拉吧！

開始製作沙拉前的必讀事項

這本書介紹一百種沙拉和一百種醬料，可根據個人喜好和狀況，搭配各種材料和醬料，就能做出多種不同的沙拉。為了提高食譜的實用性，食譜中都有列出可省略的材料與各種替代材料。也為了家裡沒有烤箱的人，特別介紹以平底鍋取代烤箱的料理方式。

❶ 沙拉的介紹、料理的搭配法和營養資訊等
在開始準備沙拉之前，先閱讀這部份，就能獲得有用的沙拉基本資訊。不只有對菜名的說明，也加註料理的味道和營養資訊。作者也將自己親身嘗試後所寫的筆記公開，針對該道沙拉適合跟哪些東西一起吃、適合做哪種用途等做了詳細的介紹。

❷ 正確的份量、各種可替代的材料
列出各種材料跟能輕鬆計量的份量資訊，也介紹各種替代食材，讓大家能把冰箱裡剩下的東西拿來使用。可當正餐的料理以1人份為基準，其餘則是可以2～3人份共食的一盤份量。醬料的份量則非常充足，可先使用2/3的量，試一下味道後再依照個人喜好增減。

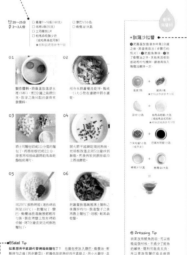

❻ 一眼就能看清楚的醬料作法
以圖解的方式畫出加入醬料中的所有材料，讓人不會漏掉某一樣，也標出可省略或可替代的材料。

❸ 可學到時尚擺盤法的照片
用照片來介紹讓沙拉看起來既豐盛又豐富色彩感的擺盤方法。只要照著照片上的樣子裝盤，就可以讓同樣的沙拉有更高級的感覺。

❹ 介紹可能會犯錯的地方、少見材料說明、替代材料或料理方法指引等的Salad Tip
為了增加食譜的實用度，特別介紹各種可替代的材料。如果有要用到烤箱的沙拉，這裡也會教如何用平底鍋代烤箱。

❺ 替代材料或其他醬料建議的Dressing Tip
若是介紹特殊風味的醬料食譜時，這裡也會再多提供一個能讓大家都吃得無負擔的醬料，並介紹可替代少見材料的其他食材。

沙拉專家池銀暻建議
讓沙拉美味的10個訣竅

01 做沙拉時的第一個步驟，
一定是醬料。

事先將醬料混合好，味道會比剛做好時更順口，
食材味道更能融合在一起，醬料也有更豐富的滋
味。尤其是加了洋蔥或蒜頭等辛香料和水果，就
需要更多時間融合，建議可在前一天就將醬料做
好，或是在準備沙拉時的第一階段就把醬料製作
完成。

02 醬料食材以粉末→辛香料、
醬油、米酒→醋→油的順序混合。

做醬料的時候，混合食材的順序非常重要。①先
將砂糖、鹽巴等粉末類的食材拌勻。②加入蒜
頭、洋蔥、果汁、米酒、醬油等副食材，充分攪
拌至粉末類食材完全溶解。③醋或檸檬汁要在粉
末類完全溶解後再加味道會比較好。④最後再把
油脂類加進去。

03 拌醬料的沙拉和
淋醬料的沙拉要有所區隔。

當醬料的味道較濃烈或濃度較黏稠時，千萬不要
用淋的方式，而是要輕輕地和沙拉攪拌在一起，
這樣才能均勻混合，吃起來才會美味。相反地，
醬料味道較清淡、較稀時，只要均勻淋在沙拉
上，就不用擔心哪一種食材的味道會被醬料蓋
過，蔬菜也不會立即變得軟爛。沙拉的材料也會
有影響，像馬鈴薯、花椰菜、番茄等較硬的食
材，要好好吸收醬料才會更好吃；較軟的生菜則
是要端上桌之前再淋醬料，這樣蔬菜才能維持新
鮮。

04 請多運用當季蔬菜和天然海鮮。

所有的食物都是如此，好好運用當季食材，就
能做出充滿季節感的沙拉。最近有很多品種的
栽種蔬菜與多變的海鮮，冷凍商品的品質也變
好，讓我們一年四季都能輕鬆買到大部分的食
材。使用當季或田裡種出來的蔬菜，以及新鮮
天然的海鮮，就能吃到營養價值較高的沙拉。
試著在普通萵苣沙拉裡加山蒜做成春季沙拉、
在番茄最美味的夏天加入番茄和茄子、在明蝦
最美味的秋天吃烤明蝦配蔬菜、用冬天特別甜
美的白菜做成沙拉吧！這些能體會到季節感的
當季食材，對身體是最好的藥。

05 葉類用冷水浸泡20～30分鐘，
再用流水沖洗2、3次。

去除葉菜類上殘留的農藥、泥土、異物等最有
效的方法，就是在冷水中浸泡20～30分鐘，然
後再用流水沖洗2、3次。這樣就可以把葉子洗
乾淨，同時又讓葉子變爽口。

06 請盡量將蔬菜的水瀝乾。
「蔬菜脫水機」大推薦！

沙拉蔬菜如果殘留很多水分，跟醬料混合之
後，就會變成平淡無味的難吃沙拉。因此蔬菜
洗乾淨後，請盡量將水分瀝乾。葉菜類可使用
蔬菜脫水機脫水。去除水分之後再裝進密封容
器中，放進冰箱冷藏約15分鐘再拿來使用，蔬
菜的口感會更鮮脆。

07 比較硬的材料在料理前要先拿出放在室
溫下，用大火縮短料理的時間。

沙拉除了使用葉菜類之外，也會將花椰菜、節
瓜、四季豆、蘆筍等口感較硬的蔬菜烤過或燙
過後拿來使用。首先要把蔬菜先從冰箱裡拿出
來，因為要經過加熱料理階段，為了縮短料理
時間並減少能源浪費，最好先拿出來放在室溫
下。烘烤時要稍微撒點鹽巴、胡椒粉再抹一點
油，然後用大火短時間烘烤。長時間的料理會
破壞蔬菜中的營養，也會讓口感變差，因此美
味的訣竅就是用大火縮短時間。香草類或辛香
料則可在調味時一起撒下去，讓食材別有一番
風味。烹調過的食材可先放在廚房紙巾上，把
不必要的油吸掉，同時也能讓熱氣散掉，一起
裝盤的蔬菜就不會失去口感。汆燙時則加一點
鹽巴再快速汆燙蔬菜，燙過之後立刻用冷水浸
泡去除殘熱，最後再瀝乾做成沙拉。

08 熱的材料要充分冷卻，
水果也要在室溫下找回甜度後再用。

想吃到美味的沙拉，那就要在正確的溫度下準
備材料、上菜。蔬菜類可事先洗乾淨冰存起
來，事先烤好或燙好的食材如果溫度太高會讓
蔬菜立刻變軟失去口感，因此要先冷卻一下，
或是等溫度降到跟室溫一樣。沙拉中常用的堅
果類先用鍋子乾炒過，味道會更香、口感更酥
脆爽口，炒好的堅果要平鋪在盤子裡冷卻後再
用。另外，水果類如果太冰會吃不出甜味，因
此要先放在室溫下，再拿來用比較好。

09 決定沙拉配肉、魚、飯
還是麵的方法。

雖然有些人認為沙拉就只是一盤蔬菜而已，但
其實它可以是一道出色的開胃菜、甜點、極品
料理，甚至是簡單的一頓飯。既然如此，該怎
麼選擇適合今天餐點搭配的沙拉呢？如果主料
理是比較硬的肉類，那就搭配清爽、清淡的沙
拉。如果是魚的話，那就適合副食材口味較重
的沙拉。如果主菜不是肉或魚而是麵或飯的
話，那可以準備加了肉或魚等含有蛋白質食材
的沙拉，以達到營養均衡。

10 對只有一種材料的沙拉說No！
混合顏色、外型、色感不同的食材，
才能刺激味覺與視覺。

沙拉可以是簡單的蔬菜料理，但也能是讓餐桌
更華麗、更綠意盎然的重要角色。雖然可以簡
單的用萵苣、蘿蔓或甜菜葉配醬料，但如能把
兩種不同顏色的蔬菜混在一起，再多加點洋
蔥、甜椒、水果會更好。在沙拉製作的最後階
段撒上香噴噴的堅果或穀片，不僅能讓沙拉賣
相更好，也可以增加口感，做出一
道更有誠意的沙拉。如果能再加
上炸過的地瓜或甜菜根切片，沙
拉就更美味囉！

沙拉食材的
聰明選擇法&新鮮保存法

如果想吃到美味的沙拉，首先就是要選擇新鮮的食
材。想從超市堆積如山的食材中，選出新鮮食材就
需要一些要領。接下來，就介紹沙拉中最常用到的
蔬菜、水果、肉、海鮮、堅果、起司等食材的購買
訣竅與保存方式。

慢熟蔬菜與水果

購買番茄、酪梨、香瓜、鳳梨、奇異果等慢熟蔬菜
或水果時，要放在室溫下等到熟成之後再收進冰
箱。成熟的酪梨冰在冰箱時，要用一張報紙包住，
而要加進沙拉裡時因為容易氧化褐變，所以也需要
滴點檸檬汁以減少褐變現象。

香草類

香草是為了讓料理更具香味而使用的食材，選擇時
要挑選香味清新的香草，如果連莖或整株購買就可
以保存更久。買來之後立刻使用的話，只要在冷水
裡浸泡3～5分鐘就可使用。若在水裡泡太久，可能
會把味道洗掉，要特別注意。冷藏保存時可在小玻
璃瓶裡裝滿水，像插花一樣把香草插在裡面，就能
保存比較久。

★本書使用的香草說明請參考17頁

葉菜類

最近小超市的生菜專區，也可以買到各種
不同的葉菜類。挑選的時候，要選擇葉子
部分有光澤、顏色鮮明。摸莖的時候感覺
到堅實有力量，這樣才表示夠新鮮。像蘿
蔓或萵苣這種整顆的蔬菜，則要選擇紮實
的而非大的，買來之後要裝在密封容器裡
冷藏保存。1～2小時內就要吃的話，則洗
淨後將水分瀝乾，裝在密封容器裡冰存，
讓口感更酥脆爽口。

★本書使用的葉菜類說明請參考16～17頁

非葉菜類蔬菜

花椰菜、小黃瓜、甜椒、高麗菜、茄子、節瓜、胡瓜等結實的蔬菜，統稱為非葉菜類的新鮮蔬菜。花椰菜要選擇沒有變黃，非常翠綠且茂密；小黃瓜如果太粗則表示中間籽很多，因此最好選擇粗細較正常。甜椒則要選擇結實、顏色鮮豔且蒂沒有乾枯；茄子或節瓜、胡瓜等也是要選擇結實、顏色鮮豔且不要太過彎曲，冷藏保存時可用報紙或廚房紙巾包住再冰起來。

起司類

加入沙拉中的起司只要依照個人喜好選擇就好。市售起司中從熟成期較短、味道和氣味較柔和的起司，到熟成期較長、味道與氣味強烈的起可應有盡有。使用切片的加工起司時，最好選擇生起司含量高的種類。購買時要密封冷藏保存，避免起司長黴。有些起司會長黴菌，除了老人和小孩之外，其他的人只要把黴菌部分切除還是可以照常吃。

加工食品

火腿、干貝肉、罐頭等加工食品，每一包裝都是一次可用完的份量，所以最好買來後就用光，也可以把要使用的份量先拿出來。罐頭包裝的產品，則需把內容物從罐子裡撈出來放入另外的密封容器裡保存。即便是另外保存的產品，最好在3～4日內使用完。

海鮮類

所有的海鮮都是肉越結實、外皮越乾淨有光澤越新鮮。魷魚要選擇肉還有彈性、眼睛清澈；而鮭魚則要選擇肉還帶有橘色或嫩粉紅色光澤；貝類則要避免殼破裂或開啟。海鮮買來之後一定要冷藏保存，貝類則要吐過沙之後才能使用，其他的海鮮也都要用鹽水洗過再使用。

堅果類

撒在沙拉上的少量堅果，可以提升沙拉的味道和營養價值。堅果類含有很多脂肪，因此容易導致酸臭腐壞，少量雖然沒關係，但如果想長時間保存，就一定要用密封容器裡保存在冷凍室。在料理之前，最好用平底鍋乾炒到金黃，這樣才能突顯堅果的香味與口感。

肉類

牛肉和豬肉都要選擇透著鮮豔紅色，脂肪部位則是非常雪白的才新鮮；雞肉有點嫩粉紅、雞皮上還有光澤才是最好的。購買時要選擇油脂不會太多的部位，用衛生袋裝起來冰在冷凍庫裡，每次取出適當的份量解凍使用，盡量不要讓肉解凍後重新結凍。如果能用廚房紙巾按壓將血水壓出來，那吃起來就會更清爽無腥味。

了解沙拉中最常用的
葉菜類與香草類

萵苣

沙拉中最常用的蔬菜，爽脆的口感與清涼的味道非常美味。挑選時要看葉子是否帶著發亮的嫩綠色，拿起來時有沉重感就表示裡面非常紮實。低溫保存下可存放20天，用保鮮膜包覆或用塑膠袋裝起來以避免乾燥。

蘿蔓萵苣

蘿蔓的意思是「羅馬人的生菜」，據傳是因為羅馬人愛吃這種生菜而取名，很多人都知道這是用在凱薩沙拉中的蔬菜。咀嚼時口感非常清脆，不苦且有點甜。葉子發出光澤表示非常新鮮，可整株購買或只買葉子。

高麗菜、紫高麗菜

口感鮮脆的高麗菜與紫高麗菜，含有非常多的膳食纖維，可以帶來飽足感更能促進腸道運動預防便秘。購買時要挑選外形完整且頂端微尖的產品，因為高麗菜會從莖開始腐爛，所以要先用刀子把莖挖掉，再塞入泡過水的廚房紙巾，這樣就可以保持新鮮。

水田芥、嫩生菜葉

水田芥因為生長在流動的冷水裡而得名，吃起來會有一股刺鼻的辣味，很適合配肉。嫩生菜葉則是趁著多種蔬菜還是嫩葉時摘取的食材，特徵是口感鮮脆且柔軟。礦物質含量很高，對成長期的兒童很好。

塌菜

因為有很多維他命成份而又被稱為維他命菜，味道很單純，適合任何一種沙拉。購買時最好挑選葉子像湯匙形狀，而且鮮綠帶光澤感。塌菜中的胡蘿蔔素含量是芹菜的兩倍，鐵、鈣的含量都很豐富，對成長期的兒童很好。

菠菜

沙拉用的菠菜要選擇比較短、根部微微泛紅，這樣才會又甜又香。用高溫煮越久會使維他命C被破壞，因此要盡可能快速料理。可用報紙包覆，冰在冰箱的蔬果盒。

紅吉康菜

由白色的莖和紅色的葉子形成的蔬菜，是一種帶苦味的蔬菜，可以促進消化並強化血管。主要用於沙拉或裝飾，但在義大利卻會用烤箱烤來吃。裝在塑膠袋裡冷藏保存，約可放一星期。

青江菜

是中國白菜的一種，中式料理主要都是炒來吃，其實生吃起來多汁不澀，有鮮脆的口感。購買時要選擇葉莖部份帶淡綠色透著光澤，且沒有枯萎的較好較好。

大多數沙拉都會加的食材正是葉菜類！這裡介紹在超市生菜專區可以看見、適合用於沙拉的各種葉菜類。雖然味道和口感都有點不同，但無論是哪種葉菜類，都可以依照個人喜好選擇加入沙拉中。不過如果醬料比較黏稠、味道較重，嫩葉生菜很快就會軟爛、失去口感，因此要選擇較結實的葉菜。相反地，如果醬料較稀、較清淡，像高麗菜這種結實的蔬菜就無法跟醬料融合在一起，因此要選擇較軟嫩的葉菜。

吉康菜

這種葉菜長得像白菜的心一樣，味道很淡而且有點苦，有嫩黃色、嫩綠色或紅色。可以在部分百貨公司的食品專區或蔬菜批發市場買到，如果找不到的話也可以用大白菜或萵苣的菜心來替代。

芥菜、赤芥菜

這是在結出芥末果實之前長出的葉子，特徵是葉子邊緣凹凸不平像鋸齒。嫩綠色的葉子是芥菜，紅色的葉子則被稱為赤芥菜。有著嗆鼻的辣味與氣味，扮演去除腥味的角色，主要都用來搭配肉類或海鮮。

紅甜菜葉

是一種葉莖與葉脈都是深紅色的甜菜，跟主要用來煮湯的甜菜不同，這種甜菜葉常用於沙拉或包飯。含有豐富的鈣、鐵等營養成分，對成長期兒童的骨骼形成非常有幫助，也能讓牙齒變堅固，還有讓毛髮更黑的效果。

菊苣、苦苣菜

是種帶點苦味，可提振食慾的蔬菜，特別適合配豬肉。購買時要選擇葉子沒有枯黃還帶著嫩綠色，且葉子很寬、莖很長的。苦苣菜的葉子跟蒲公英很像，因此也被稱為蒲公英苦苣。可用保鮮膜包覆或裝在塑膠袋裡，保存在冷藏室。

芝麻菜

芝麻菜也被稱為箭生菜或德國芥藍，帶著獨特的苦味和氣味。主要用於義式料理，不過可以做很多不同的運用。可以在部分百貨公司的食品區或蔬菜批發市場購入，找不到的話也可用菠菜或嫩生菜葉替代。

香芹、義大利香芹

香芹是西式料理中最常見的香草類。葉子捲曲的是一般香芹（皺葉），葉子寬大平整的是義大利香芹（非皺葉）。義大利香芹的味道比一般香芹更重，一般香芹可在大型超市買到，義大利香芹則可在蔬菜批發市場買到。

羅勒

又苦又甜的羅勒產季是夏天，很適合配番茄，是最近在大型超市也經常可以看見的香草，可以把羅勒種在花盆裡，有需要時摘來使用。

香菜

這是種帶有獨特香味的香草，也被稱為莞荽、胡荽、香荽，主要用於中華料理、東南亞料理或墨西哥料理。配魚類可消除魚腥味，如果把葉子切碎加入醬汁或醬料中，就有提振食慾促進消化的效果。

認識一些
原本不知道的醬料

味噌醬

日式味噌做的味噌醬，分為紅色的「紅味噌」和白豆製成帶點黃色的「白味噌」。韓國的味噌只用黃豆製成，但日式味噌的特點是加了麥子、米、麵粉等其他食材，讓味噌吃起來甜甜的。日式味噌的味道比較淡，比較適合用來做醬料。

乾番茄

用辛香料和橄欖油醃漬陽光曬乾的番茄製成，用來當成三明治內餡或義大利麵材料，可以散發比番茄更濃郁的味道。可在大型超市或百貨公司買到，也可將小番茄用平底鍋炒過，或用低溫烤箱把水份烤乾即可。

甜辣醬

用辣椒、大蒜、砂糖製作而成，味道又甜又辣的醬。主要用於東南亞料理，適合搭配雞肉、蝦子等。

芥末籽、黃芥末醬

芥末籽（芥末粒）是未經加工的芥末籽，很適合配肉或香腸。黃芥末醬則是傳統法式芥末，有著柔軟滑嫩的質感與味道。沒有這兩種醬料的時候，可使用一般超市販售的普通芥末。

調味辣椒粉

以辣椒為主成份複合而成的調味料，是混合了蒔蘿、奧勒岡葉、小茴香籽、蒜頭等香草與辛香料製成的調味辣椒粉。常用於火腿、香腸、醃漬食品、醬料當中，也可以用磨製而成的辣椒粉替代。

咖哩粉

用薑黃、薑黃素、胡荽子、茴香、芥末、小茴香籽混合製成的辛香料，有獨特的辣味與氣味。有除臭效果，適合搭配肉類、家禽類、也常用於醬料或熱炒。如果不容易取得，也可以使用一般咖哩粉，只是風味會稍嫌不足。

酸豆、梅干

酸豆是花苞製成的醃漬物，也是鮭魚料理中不可或缺的食材。有跟芥末一樣的辣味，同時又有清爽的香味，可以去除魚類的腥味，更襯托出料理的美味。梅干則是日本的醃漬梅，可以在百貨公司或大型超市的進口食品區買到，沒有的話也可用檸檬果肉切碎代替。

鯷魚

屬於鯷魚科的一種小魚，去皮去骨後會醃漬保存，可在大型超市或百貨公司購入，除了沙拉醬之外，在家做義大利麵時也可放2～3塊，讓料理的味道更有層次、更甜。

這裡介紹醬汁或是加一點到沙拉中就能讓味道大幅改變的醬料、食材。
如果對某些進口產品很生疏的話，這裡也仔細寫下了那些食材的味道與運用方法。
大部分的材料都可在大型超市或百貨公司進口專區、網路購物商城買到。

辣椒粒

這是將印度產的辣椒製成顆粒粗大的辛香料，在要有辣味時使用，主要用於醬汁或沙拉醬。

泰國醃辣椒

這是用被稱為「Phrik Khi Nu」的紅色泰國辣椒製成的醃漬物。只用少量就會很辣，但辣味不會在嘴裡停留很久。常用來配油膩的食物或磨碎製成辣醬、沙拉醬。找不到這種食材時，也可以改用一般辣椒，但味道跟風味會有點不同。

魚露

鰛魚長時間發酵製作而成的醬汁，是東南亞料理中的基本食材，用在料理中可以突顯料理的甜味。

甜麵醬

這是吃北京烤鴨時會沾的醬料。放了黃豆、砂糖、黑芝麻、蒜頭、中國香料，濃度十分黏稠又有點甜，很適合配豬肉、鴨肉和雞肉。沒有這種醬料的話，也可用釀造醬油混砂糖代替，具體的份量則在食譜中有介紹。

辣根醬

這是被稱為「西式芥末」的食材，跟我們常看到的芥末（Wasabi）有著類似的嗆鼻味，是用根部磨碎後製成。通常用來搭配燻鮭魚，跟油膩的料理一起吃則有助消化。加在沙拉醬裡吃，可以提高抵抗力，也可以用芥末籽代替。

巴薩米可醋

用義大利摩德納地區的葡萄製成的醋，顏色是黑色，且有獨特、濃郁的甜味，熟成期越長味道越濃郁、豐富。

白酒醋、紅酒醋

用酒製成的醋，酸味比一般的醋（釀造醋）更柔和一點，有著酒香跟隱約的甜味。不光適合用在沙拉醬，也適合代替各種料理中的醋。大型超市都有在賣，買不到的話也可用一般的醋替代，只是味道有點不同。

帕馬森乾酪

這是經過兩年以上的熟成，脂肪非常少的結實乾酪，通常會磨碎撒在義大利麵、披薩、燉飯上吃。常常會跟帕馬森起司粉搞混，但那一種是加工起司，跟這種不太一樣。可以在大型超市的起司專區，或百貨公司的食品區、購物商城買到，買不到的話也可以用味道比較差一點的帕馬森起司粉。

醬料的
正確作法&運用法

左右沙拉味道的第一個關鍵，就是新鮮的材料，而第二個關鍵就是美味的醬料。如果經常想吃沙拉，那就要能做出味道多變的醬料，而醬料的黃金比例公式與材料、製作手工美乃滋的方法等基本常識，一定要清楚記在腦海裡。

本書使用的醬料主材料

在油類、醋類、砂糖類、芥末類的分類中，材料都可以彼此替代，但因為風味、甜度都有很大的差別，因此一定要試過味道後再調整份量。

· 油脂類_葡萄籽油、芥花籽油、橄欖油、麻油、白芝麻油等

· 醋類_釀造醋、水果醋、玄米醋、紅醋、黑醋、酒醋、巴薩米可醋、檸檬汁等

· 砂糖類_砂糖、蜂蜜、寡糖、龍舌蘭糖漿、梅子濃縮液、柚子濃縮液等

· 芥末類_法式芥末醬、芥末籽（芥末籽醬）、芥末醬、黃芥末、山葵（Wasabi）、辣根

· 東洋醬料與醬汁_醬油、味噌、辣椒醬、辣椒粉、魚露、蠔油、甜麵醬、甜辣醬、美乃滋等

· 增添風味的材料_蒜頭、洋蔥、生薑、檸檬、梅干、酸豆、香草、柚子濃縮液、梅子濃縮液等

油脂類醬料的黃金比例

在做最基本的油脂類醬料時，**醋、糖、油要以1.5：1：3的比例混合**。這是最適合亞洲人口味的油脂類醬料黃金比例。每個人可根據喜好，喜歡酸的就多加點醋、喜歡甜的就多加點糖，做出適合個人口味的醬料。如果能再加碎洋蔥、碎香草，就能做出風味更不凡的醬料。

製作醬料時務必要記住的七點

醬料要先做。在處理材料時，要讓食材彼此充分融合。不過如果花太久時間處理材料，那醬料就要放在冰箱裡保持新鮮，等到要淋在沙拉上時再拿出來重新攪拌一下。

醬料的材料要以**粉末→液體與香菜（蒜頭或洋蔥等）→醋→油**的順序加入，食材才能充分融合且味道才會好。不過如果是把所有材料打在一起，那就要先把除了油之外的材料放入，打在一起之後把油加進去再打一次。

酸、甜、鹹可依照個人喜好調整。如果不喜歡酸，就不要把醋全部加進去，先加一半嚐嚐味道再加，甜和鹹也是用一樣的方法調整。

加了肉或堅果類等油脂較多的材料的沙拉，就要減少油的分量。而如果有用油烤或炒過的蔬菜、海鮮，也要減少油的量。

炒過的洋蔥或甜椒、鳳梨、葡萄等會變得很甜，所以加了很多蔬菜、水果的沙拉，醬料中的砂糖、蜂蜜或寡糖等會甜的材料就要減量。

如果想降低加了油或美乃滋的醬料熱量，那可以加入用攪拌器打碎的水果或原味優格以調整濃度，砂糖或蜂蜜等熱量較高、較甜的材料也要減量。

食用的時候，如果一次就把醬料用掉，那一開始味道會很重，蔬菜會因此無法呼吸而失去鮮脆口感與美味，就像用醬料醃蔬菜一樣吃起來很沒感覺。因此只要先倒入2/3的醬料，等沙拉端上桌之後再把剩下的醬料裝在小容器裡搭配，一點一點增加。

• 製作要加入醬料中的手工美乃滋

如果想親自在家做美乃滋來吃，就可以避免沒用的化學添加物或化學防腐劑。不過嬰幼兒、孕婦、老人等免疫力較弱的人在吃雞蛋的時候，偶爾會感染沙門氏菌，因此要多加注意。

材料
蛋黃5個(90克)、檸檬汁3大匙、
法式芥末醬1小匙(或一般芥末醬)、
鹽巴1小匙、食用油3/4杯(150ml)

作法
❶ 把蛋黃、檸檬汁、芥末、鹽巴放入容器裡攪拌均勻。
❷ 食用油一點點慢慢倒入容器裡，一邊用發泡器攪拌，等到顏色變成奶油色且變黏稠之後，就裝進密封容器裡冰起來保存。
★一次倒入太多油的話會讓油水分離，因此要多加注意。

200%活用本書
所有醬料

將本書介紹的100種醬料，
根據需要的狀況和食譜的種類整理起來，
方便尋找。

- 比市售沙拉醬更美味
  基本中的基本
  沙拉醬10種 ————

美乃滋醬
37p

巴薩米可醋
43p

凱薩沙拉醬
33p

白芝麻醬
133p

基本優格醬
（百里香優格醬）
51p

基本芝麻醬
（白芝麻醬油醬）
85p

奇異果醬
61p

鳳梨醬
53p

法國醬
171p

蜂蜜芥末醬
139p

- 小孩也愛吃
  又甜又清淡的
  沙拉醬

橘子醬
63p

甜柿醬
65p

東南亞式花生醬
203p

花生巴薩米可醋醬
55p

花生甜麵醬
183p

檸檬美乃滋醬
35p

巴薩米可油醋醬
43p

梅汁醬
113p

楓糖巴薩米可醋醬
59p

楓糖奶油醬
47p

楓糖醬
107p

哈密瓜醬
153p

番茄橄欖油醬
111p

牛肉醬
93p

肉桂楓糖漿
129p

松子醬
83p

奇異果醬
61p

鳳梨醬
53p

鳳梨甜麵醬
129p

香草優格蘸醬
151p

- 適合老人們吃
  味道柔嫩滑順的
  沙拉醬

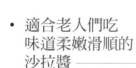
甜柿醬
65p

紫蘇油醬
75p

紫蘇子醬
69p

番茄橄欖油醬
111p

蘋果味噌醬
97p

柚香美乃滋醬
35p

松子醬
83p

白芝麻醬
133p

芝麻味噌醬
145p

奇異果醬
61p

鳳梨醬
53p

- 搭配多油的五花肉、
  腰內肉等肉類料理的
  沙拉醬 ————

 山蒜醬
71p

 沙參醬油
79p

 紅酒醋蒜醬
105p

 辣紅醋醬
89p

 辣巴薩米可油醋醬
185p

 微辣照燒醬
155p

 芥末醬油
81p

 巴薩米可醋
39p

 莎莎醬
121p

 韓式蘸醬
77p

 苦菜醬油
87p

 芥末醬
101p

 黃芥末醬
147p

 葡萄柚洋蔥醬
159p

 白芝麻醬油
85p

 青陽辣椒醬油
89p

 青陽辣椒醬
167p

 Chili 醬
109p

- 搭配少油
  雞胸肉、里肌肉的
  沙拉醬 ————

 沙參醬油
79p

 紅酒醋蒜醬
105p

 蒜末黑醋醬
43p

 蘋果味噌醬
97p

 莎莎醬
121p

 水參優格醬
197p

 芥末醬
101p

 芥末美乃滋醬
149p

 凱薩沙拉醬
33p

 洋蔥芥末醬
103p

 黃芥末醬
147p

 咖哩橄欖醬
49p

 番茄醬
115p

 羅勒青醬
173p

 法國醬
171p

- 搭配海鮮料理的
  沙拉醬

 芥末橙汁醬
165p

 芥末醬油
81p

 麻油辣椒醬
77p

 乾烹醬
161p

 檸檬醬油
95p

 辣紅醋醬
89p

 哈密瓜醬
153p

 蘋果辣椒醬
201p

 蘋果甜菜根醬
59p

 生薑醬油
195p

 洋蔥美乃滋醬
45p

 黃芥末醬
147p

 黃芥末檸檬醬
117p

 柳橙醬
181p

 梅干醬
187p

 韓式辣椒淋醬
131p

 酸豆醬
191p

 奇異果醬
61p

 香草檸檬醬
51p

 辣根醬
189p

- 幫助減肥的
  低熱量沙拉醬

 柿子醋醬
41p

 烤甜菜根醬
193p

 紫蘇油醬
75p

 紫蘇子醬
69p

 紅酒無花果醬
125p

 紅醋蒜醬
91p

 明太子醬
73p

 日式味噌醬
117p

 蘋果味噌醬
97p

 水參優格醬
197p

 醬菜醬
135p

 白芝麻醬
133p

 芝麻味噌醬
145p

 番茄醬
115p

 香草檸檬醬
51p

 香草優格沾醬
151p

- 適合番茄&油類醬料
  義大利麵的沙拉醬 ——

 烤甜菜根醬
193p

 甜柿醬
65p

 花生巴薩米可醋醬
55p

 紅酒無花果醬
125p

 蒜香巴薩米可油醋醬
177p

 美乃滋醬
37p

 藍起司醬
179p

 生薑美乃滋醬
37p

 牛排醬
209p

 芥末醬
101p

 芥末美乃滋醬
149p

 芥末烤肉醬
127p

 凱薩沙拉醬
33p

 柚香美乃滋醬
35p

 百里香優格醬
51p

 酸豆橄欖醬
143p

 羅勒青醬
173p

 法國醬
171p

 蜂蜜芥末醬
139p

 辣椒檸檬汁淋醬
163p

- 搭適合點心或甜點沙拉
  的沙拉醬 ——

 橘子醬
63p

 花生巴薩米可醋醬
55p

 花生甜麵醬
183p

 檸檬楓糖蘭姆醬
57p

 楓糖巴薩米可醋醬
59p

 楓糖奶油醬
47p

 肉桂醬
61p

 柳橙醬
181p

 鳳梨醬
53p

 鳳梨甜麵醬
129p

 桃子利口酒醬
57p

- 適合奶油義大利麵的
  沙拉醬 ─────

 柿子醋醬
41p

 橘子醬
63p

 紅酒醋蒜醬
105p

 蒜末黑醋醬
43p

 微辣青醬
123p

 巴薩米可油醋醬
43p

 番茄橄欖油醬
111p

 芥末巴薩米可醋醬
175p

 洋蔥芥末醬
103p

 葡萄柚洋蔥醬
159p

 青陽辣椒醬油
89p

 Chili 醬
109p

 酸豆醬
191p

 Tabasco醬
147p

 番茄醬
115p

 松露巴薩米可醋醬
207p

 鳳梨醬
53p

 羅勒青醬
173p

 法國醬
171p

 辣椒檸檬汁淋醬
163p

- 專為特別日子做的
  新滋味醬料 ─────

 香菜檸檬醬
53p

 醃辣椒醬
205p

 蠔油醬
85p

 檸檬楓糖蘭姆醬
57p

 甜麵蒜醬
199p

 甜辣醬
157p

 肉桂醬
61p

 肉桂楓糖漿
129p

 鰻魚醬
141p

 咖哩橄欖醬
49p

 松露巴薩米可醋醬
207p

 魚露醬
119p

 桃子利口酒醬
57p

料理初學者的計量指南

這是沙拉料理初學者的必讀指南。將各位可能會感到好奇的各種資訊仔細收集在這裡，從食材的計量開始開始，到很難處理的海鮮處理基本技巧等，從頭打下紮實的基礎吧！

・計量工具使用法　1大匙是15毫升、1小匙是5毫升、1杯是200毫升。

醬油、醋、米酒等液體類
用量杯計量的時候，要在沒有傾斜的平面上，將食材裝滿但不超越容器的邊緣。量匙也是一樣，裝滿滿一平匙。

味噌、辣椒醬等醬類
舀起一大匙後抹成一平匙。

砂糖、鹽巴等粉末類
裝滿之後像照片一樣，把最上面多餘的部份掃平。麵粉類則要先篩過之後再計量，不要壓緊只要輕輕裝在計量容器裡就好。

黃豆、堅果類等果實類
裝滿壓實之後把上面多餘的部份掃平。
★就算同樣都是一杯，麵粉會比較輕、辣椒醬則會比較重，所以不可以用相同的重量、體積為標準來計量。

・沒有計量工具時的計量方法

量匙1大匙＝15毫升
飯匙1大匙＝10～12毫升
量匙1大匙＝飯匙1又1/3大匙
量杯是200毫升
紙杯也差不多，所以可以用紙杯代替量杯。

1杯 200ml
1小匙 5ml
1大匙 15ml

・基本材料份量計算法

大蔥（白色部分）5公分（10克）
→碎蔥1大匙

生薑（蒜頭大小）2塊（10克）
→碎生薑1大匙

蒜頭2顆（10克）
→蒜末1大匙

洋蔥1/5個（40克）
→碎洋蔥4大匙

·抓一把的量　以下標示為一把的材料

嫩葉蔬菜1把(20克)

山蒜1把(50克)

垂盆草1把(25克)

芝麻嫩葉1把(30克)

小韭菜1把(40克)

三趾樹菜1把(75克)

菠菜1把(50克)

茼芹葉1把(50克)

韭菜1把(50克)

黃豆芽、綠豆芽1把(50克)

藍寶石菇1把(50克)

麵條、蕎麥麵1把(70克)

·處理蝦子

❶拿牙籤戳進第二節和第三節之間，將內臟挑出來。

❷把頭剝掉。

❸把尾巴之外的殼都剝掉。

·處理花枝

❶把花枝劃開，然後把內臟挑出來。

❷手沾一點鹽巴，然後把皮剝掉。

❸邊沖水邊用雙手把花枝的吸盤剝掉。

·處理酪梨

❶深切一刀到中間有籽的部份。

❷用手分別抓住酪梨的兩側，邊轉邊把酪梨掰開。

❸用刀子把附著在其中一邊的籽挖掉，或是用湯匙挖出來。

·挖出柳橙果肉

❶將柳橙的兩端切下。

❷用刀子把皮切掉。

❸輕輕下刀，將瓣膜間的果肉切下。

chapter 1

適合搭配義大利麵、肉類料理的
基本沙拉

餐桌上最需要沙拉的時刻之一，應該就是要搭配肉類料理或義大利麵時。在準備這類沙拉時，味道不能壓過主要的料理。因此，以蔬菜為主的輕食沙拉較適合，沙拉醬的味道可依照喜好選擇，盡可能考慮到與主菜的調和。同樣是肉類，但油脂多的腰肉適合搭配加了醋，比較開胃的醬料，而清淡瘦肉為主的胸脊肉，適合搭配像芝麻醬這種味道較重的醬料。番茄義大利麵等口味較淡的義大利麵，可搭配甜甜的優格醬；比較油膩的奶油義大利麵，則適合巴薩米可醬。這章就是適合搭配各種料理的基本沙拉，考慮主菜的味道與個人喜好，試著做各種搭配吧！

凱薩沙拉

1920年代由墨西哥一個名為凱薩・卡狄尼的人發明,因而取名為凱薩沙拉。

基本食材有蘿蔓、蛋黃、酥脆麵包丁、帕馬森乾酪等。

如果搭配雞胸肉或烤牛排,用來招待客人也毫不遜色。

⏲ 20～25分
🍽 2～3人份

□ 蘿蔓9～10片(180克)
□ 培根4條(50克)
□ 土司麵包2片
□ 帕馬森乾酪少許
　(或帕馬森起司粉)
　★材料說明請參考19頁

□ 鹽巴1/2小匙
□ 橄欖油1大匙

+凱薩沙拉醬

❶把雞蛋放進滾水中煮2分鐘之後,將蛋黃取出(步驟①的照片)。❷把鯷魚撕碎。❸除了橄欖油之外,其他東西都到進碗裡均勻攪拌,最後再倒入橄欖油攪拌一次。

01

製作醬料。將雞蛋放進滾水裡(6杯),煮2分鐘後撈出,放涼之後只取出蛋黃來做醬料。

02

用冷水將蘿蔓洗乾淨,撕成一口大小放在濾網中將水濾乾。

03

將土司麵包切成1公分寬的麵包丁,再將培根切成2公分,接著再用刨絲器將帕馬森乾酪刨成薄片。

04

預熱平底鍋後,放入培根炒至酥脆,再放到廚房紙巾上將油擦掉。

05

用200℃預熱烤箱(迷你烤箱則是190℃)。把麵包丁、鹽巴、橄欖油放進碗裡輕輕拌勻後,裝在烤盤上放在烤箱中層烤7分鐘。

06

把蘿蔓放進碗裡淋上醬料之後攪拌均勻,裝進盤子之後再撒上麵包丁、培根、帕馬森乾酪。

　+　

蛋黃2個　　　　鯷魚3塊
　　　　★材料說明請參考18頁

蒜末1小匙　　　帕馬森乾酪2大匙
　　　　　　　(或帕馬森起司粉)
　　　　★材料說明請參考19頁

　+　

芥末籽醬1小匙　巴薩米可醋1小匙
(或芥末)

　+　

檸檬汁1大匙　　橄欖油2大匙

‖

🐷 Salad Tip

如果想用平底鍋代替烤箱做麵包丁?　在麵包裡放入鹽巴、橄欖油,輕輕拌勻之後(同步驟⑤),把麵包放到熱好的平底鍋上,用小火翻炒,直到前後都成金黃色為止。

🐷 Dressing Tip

如果沒有鯷魚可以省略這個材料,不過少了鯷魚的鹹味,醬料可能會太淡,所以要放點鹽巴進去做調整。

華爾道夫沙拉

這是在紐約的華爾道夫飯店
製作出來的華爾道夫沙拉，
由芹菜、蘋果、核桃
搭配美乃滋醬料組成。
不光是在美國，
在世界各地都很受歡迎。

萵苣堅果沙拉

這是柚子香搭配清爽美乃滋醬料的沙拉，
萵苣的清脆口感也增添食用的樂趣。
材料很簡單，適合當成配菜。
如果再配上燻鮭魚的話，
就是一道用來
招待客人的沙拉了。

⏱ 5～10分
🍴 2～3人份

☐ 萵苣1/2顆(300克)
☐ 芹菜20公分(30克)
☐ 蘋果1/2個(100克)
☐ 核桃6顆

[製作華爾道夫沙拉]

01 用冷水將萵苣洗淨，撕成一口大小後將水瀝乾。

02 將芹菜葉剁掉，用刨絲器將纖維刨掉後，斜切成0.3公分寬，蘋果則是將籽挖掉後，切成0.3公分的厚片。

03 把核桃放到熱好的平底鍋上，用中火炒2～3分鐘至金黃。最後把萵苣、芹菜、蘋果、核桃都裝進盤子裡，再淋上醬料。

+檸檬美乃滋醬

把所有材料放進碗裡均勻攪拌

 +

鹽巴1/2小匙　　　寡糖2大匙

 +   =

美乃滋5大匙　　　檸檬汁2大匙

⏱ 5～10分
🍴 2～3人份

☐ 萵苣1/2顆(300克)
☐ 榛果3大匙(或花生、杏仁等堅果類，25克)
☐ 黑橄欖10個(可省略)

[製作萵苣堅果沙拉]

01 把萵苣外葉剁掉，放入冷水裡泡一段時間之後取出，切成大塊狀，讓葉子不要散開。

02 將黑橄欖切成0.3公分厚，並將榛果放在熱好的平底鍋上，以中火炒2～3分鐘後切碎。

03 把萵苣裝進碗裡，撒上榛果和黑橄欖，再淋上醬料即可。

+柚子美乃滋醬

❶ 把柚子醬裡的料切碎。
❷ 把材料放進碗裡均勻攪拌

 + +

柚子醬2大匙　　　美乃滋5大匙　　　鹽巴1/2小匙

 =

醋2大匙

玉米沙拉

這是適合搭配漢堡、
三明治、炸雞的沙拉。
料理重點是將玉米的水分完全去除，
與醬料拌勻後放進冰箱，
等入味後會更好吃。

高麗菜沙拉

將高麗菜與紫高麗菜切絲後用鹽巴醃漬，
就是吃起來爽口的高麗菜沙拉。
可搭配水田芥或堅果類，
享受一下全新的嘗試。

⏰ 10～15分
🍴 2～3人份

☐ 玉米罐頭2個(400克)
☐ 紅甜椒1/2個(100克)
☐ 芹菜20公分(30克)
☐ 洋蔥1/2個(100克)

[製作玉米沙拉]

01 將玉米罐頭倒在濾網上去除湯汁，甜椒去籽後切成0.5公分大小的丁。

02 將芹菜葉摘除並用刨絲器將纖維刨掉之後，切成跟甜椒一樣的大小，洋蔥也切成一樣的大小。

03 把準備好的蔬菜和醬料倒進容器裡均勻攪拌，最後把沙拉裝在碗裡，再用芹菜葉做裝飾就完成了(如左大圖)。

＋美乃滋醬

把所有材料放進容器裡均勻攪拌

 ＋ ＋

砂糖1大匙　　　鹽巴1/2小匙　　胡椒粉少許

 ＋ ＝

美乃滋5大匙　　檸檬汁1大匙

⏰ 15～20分
🍴 2～3人份

☐ 高麗菜6片(手掌大小，180克)
☐ 紫高麗菜6片(手掌大小，180克)
☐ 洋蔥1/2個(100克)
☐ 腰果3大匙(或花生、杏仁等堅果類，25克)
☐ 水田芥少許
　(或嫩生菜葉，可省略)
　★材料介紹請參考16頁
☐ 鹽巴1大匙

[製作高麗菜沙拉]

01 將高麗菜、紫高麗菜、洋蔥切絲之後，撒入鹽醃漬5分鐘。把腰果切碎。

02 如果步驟①的蔬菜出水，就用冷水沖洗後瀝乾。

03 把所有蔬菜放進容器裡跟醬料攪拌，最後裝進碗裡撒上水田芥和腰果即可。

＋生薑美乃滋醬

❶將2大匙的生薑末與2大匙的水混合，做成生薑水。
❷把所有的材料放進容器裡均勻攪拌。

 ＋ ＋ ＋

生薑汁2大匙　　砂糖1大匙　　　鹽巴1/2小匙

 ＋ ＋

美乃滋5大匙　　醋1大匙

＝

烤蔬菜沙拉

將常用來當作配菜的糯米椒跟節瓜一起烤過
之後，當成沙拉食用。烤過的蔬菜更甜更美
味，適合用來搭配肉類料理。吃之前再烤一
下，熱熱吃更美味。

⏰ 25～30分
👥 2～3人份

☐ 萵苣類蔬菜70克
☐ 節瓜1/2個(200克)
☐ 洋蔥1/2個(100克)
☐ 糯米椒20個

☐ 帕馬森乾酪少許
　（或帕馬森起司粉，可省略）
　★材料介紹請參考19頁
☐ 食用油2大匙
☐ 鹽巴少許
☐ 胡椒粉少許

+巴薩米可醋

把寡糖、鹽巴、巴薩米可醋加入小鍋子裡，均勻攪拌之後用中小火熬煮，煮到醬料的量減少到一半即可，大約需要7～10分鐘。

寡糖3大匙

+

鹽巴1/2小匙

+

巴薩米可醋1/2杯

=

01

用水將生菜洗乾淨後，撕成一口可吃下的大小，放在濾網裡將水瀝乾。

02

將節瓜切成6公分長再對半切，然後切成0.5公分厚的片狀。洋蔥切成0.8公分厚的洋蔥圈。

03

將糯米椒的蒂剝掉。用刨絲器將帕馬森乾酪刨成薄片備用。

04

在預熱過的平底鍋裡倒入一大匙油，再將節瓜放到鍋子裡，撒上鹽巴、胡椒粉後，用大火將正反面各烤30秒起鍋備用。

05

將洋蔥和糯米椒一起放到平底鍋裡，撒上鹽巴、胡椒粉後，用大火將洋蔥正反面各烤一分鐘、糯米椒正反面各烤30秒。

06
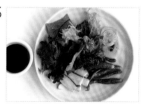
把烤好的蔬菜和生菜放在大盤子裡，再淋上醬料與撒上帕馬森乾酪即可。

🥗 Salad Tip

適合這道沙拉的其他材料　節瓜也被稱為夏南瓜，很適合烤來吃。除了這裡介紹的蔬菜之外，還可以加烤甜椒、香菇、甜南瓜等蔬菜。

漬番茄沙拉

這是道小番茄搭配酸甜的醬料所製成、男女老少都喜愛的沙拉。
擺盤好看、味道好吃，經常用來搭配牛排或義大利麵。
番茄的皮要剝掉，這樣才能吸收更多醬料。

25～30分
2～3人份

☐ 小番茄40顆
☐ 嫩生菜葉1把(20克)
　(手抓一把的量請參考29頁)
☐ 洋蔥1/2個(100克)

＋柿子醋醬

❶將香芹切碎。❷將葡萄籽油以外的東西倒入容器中，均勻攪拌，最後再倒入葡萄籽油攪拌一次。

01

將小番茄的蒂摘除並劃十字刀痕(＋)，放進滾水裡(水6杯＋鹽巴2小匙)燙約20秒。

02

將燙過的小番茄泡在冷水裡，然後將皮剝掉。

03

用冷水將蔬菜洗乾淨，放在濾網裡將水瀝乾，然後將洋蔥切碎。

04

把小番茄、洋蔥裝進容器裡，倒入醬料拌勻後，放進冰箱裡冰20分鐘。
★如果能在前一天先做好放著會更好吃。

05

把小番茄和醬料一起裝進盤子裡，再撒上一點嫩生菜葉即可。

碎香芹1大匙(可省略)

＋

砂糖1大匙

＋

鹽巴1小匙

＋

蒜末2小匙

＋

柿子醋3大匙
(或醋2大匙＋砂糖2小匙)

＋

葡萄籽油3大匙
(或芥花籽油)

＝

Salad Tip
用大番茄代替小番茄？　只要用同樣的方法畫十字刀痕放入鹽水汆燙，再把皮剝掉之後，整顆番茄與醬料一起用保鮮膜密封起來隔絕空氣放進冰箱裡冷藏，要吃之前再把番茄切成一口大小，搭配一點嫩生菜葉即可。

番茄沙拉

番茄沙拉充滿能夠防止老化的茄紅素，
非常適合搭配清爽的醬料，
無論配什麼餐點吃都能有助開胃。

花椰菜沙拉

白花椰菜跟綠花椰菜搭配微酸的醬料。
如果冷藏保存，約可放2～3天，
適合在吃牛排或義大利麵時，
當成像酸黃瓜一樣的配菜來吃。

⏱ 10～15分
🍽 2～3人份

□ 番茄2顆(400克)
□ 小番茄10顆
□ 洋蔥1/2個(100克)
□ 義大利香芹4根
　(或芹菜葉,可省略)
　★材料説明參考17頁
□ 鹽巴2小匙

[製作番茄沙拉]

01　把番茄切成6～8等分可一口吃下的大小,小番茄則切半撒鹽。
　　★鹽分有助將水分排出,番茄會更甜更好吃。

02　將洋蔥切成細絲,摘下義大利香芹的葉子。

03　把番茄放在濾網上將水分瀝乾,然後跟洋蔥、香芹葉、醬料一起攪拌,最後裝進碗裡。

+ 巴薩米可油醋醬

❶把洋蔥切碎。❷把砂糖、碎洋蔥、鹽巴、巴薩米可醋加入容器裡均勻攪拌後,再倒入橄欖油混合。

 + +

砂糖1大匙　　碎洋蔥1大匙　　鹽巴1/2小匙

 + =

巴薩米可醋3大匙　　橄欖油2大匙

⏱ 15～20分
🍽 2～3人份

□ 白花椰菜1顆(300克)
□ 綠花椰菜1/2顆(100克)
□ 洋蔥1/4個(50克)
□ 黑芝麻2大匙(或白芝麻)

[製作花椰菜沙拉]

01　將兩種花椰菜都切成一口大小,並將洋蔥切絲。

02　把白花椰菜放進沸騰的鹽水中(水6杯＋鹽巴2小匙),汆燙20秒後放進冷水浸泡冷卻,再將水瀝乾。

03　把綠花椰菜依步驟②的鍋子裡汆燙20秒,接著放進冷水沖洗後瀝乾。
　　★如果是用大鍋子,可以同時燙兩種花椰菜。

04　把兩種花椰菜、洋蔥、黑芝麻放進容器裡,與醬料一起攪拌均勻,最後裝進碗裡。

+ 蒜末黑醋醬

把蒜末、鹽巴、砂糖、黑醋加進容器中均勻攪拌,最後再加入橄欖油混合。

 + +

蒜末4小匙　　鹽巴2小匙　　砂糖2小匙

 + =

黑醋4大匙　　橄欖油2大匙
(或醋3大匙＋
砂糖1大匙)

馬鈴薯沙拉

這道沙拉搭配肉類料理，讓人非常有飽足感。不但可以充分感受到馬鈴薯的清爽，醬料中加入洋蔥、蔥，吃起來一點都不油膩。沙拉如果吃剩，可以把馬鈴薯壓成泥狀做成馬鈴薯三明治。

35～40分
2～3人份

☐ 小馬鈴薯約20顆(520克)
☐ 鹽巴1大匙(煮馬鈴薯用)
☐ 蒜頭3顆
☐ 蔥3根(30克)
☐ 培根4片(50克)
☐ 鹽巴1小匙
☐ 胡椒粉少許

動手做醬料

+洋蔥美乃滋醬

❶將洋蔥切碎。
❷把材料都倒入容器裡均勻混合。

碎洋蔥4大匙

+

美乃滋4大匙

+

砂糖2小匙

+

鹽巴1/2小匙

+

檸檬汁1大匙

＝

01

在鍋裡加入水(8杯)、鹽巴1大匙、蒜頭與馬鈴薯,煮到沸騰之後繼續熬煮25分鐘,撈起瀝乾。

02

將蔥切成0.3公分的蔥花,培根切成2公分寬。

03

用中小火將培根炒5分鐘直到酥脆,然後用廚房紙巾將油吸掉。

04

趁熱將馬鈴薯切半,放在容器裡加入3大匙醬料和1小匙鹽巴攪拌均勻。
★要在馬鈴薯熱的時候攪拌,才會充分跟醬料融合在一起。

05

把蔥、培根、胡椒粉倒入步驟④的容器裡,再倒入剩下的醬料攪拌即可盛盤。

🍓Salad Tip

適合這道沙拉的其他材料 如果想用一般馬鈴薯代替小馬鈴薯的話,只要把馬鈴薯煮熟之後,切成4～5等分再跟醬料拌勻即可。用地瓜或南瓜代替馬鈴薯也很好吃。

地瓜沙拉

這是加入水果乾增添咀嚼口感的地瓜沙拉，
搭配麵包或餅乾一起吃，就是飽足的一餐唷！

⏱ 30～35分
🍴 2～3人份

☐ 地瓜2～3個(大的，630克)
☐ 蔓越莓乾4大匙
　(或葡萄乾40克)
☐ 鳳梨乾2片
　(或芒果乾40克)

01

將地瓜切半，蒸25分鐘之後
將皮剝掉，放進容器裡壓成
地瓜泥。

02

將鳳梨乾切成四邊為0.5公
分的鳳梨丁。

03

把蔓越莓乾、鳳梨乾和醬料
倒入步驟①的容器中，均勻
攪拌在一起即可。

+ 楓糖奶油醬

將所有材料放進容器中均勻
混合攪拌。
★可根據地瓜的甜度調整楓
糖漿的量

鮮奶油4大匙(或牛奶)

+

楓糖漿2大匙
(或寡糖、蜂蜜)

+

鹽巴1小匙

=

🥗Salad Tip

適合這道沙拉的其他材料　可用甜南瓜代替地瓜，蒸熟壓爛後拿來使
用。如果有肉桂粉的話，可以在步驟③時加入攪拌，讓味道更加豐富。

烤根莖蔬菜沙拉

這是用烤箱烤地瓜、甜菜根、紅蘿蔔等富含纖維的根莖類蔬菜，再淋上醬料食用的沙拉。
將這些蔬菜拌咖哩粉後拿去烤，就能烤出清爽又充滿異國風味的香味，
也可以用平底鍋代替烤箱將蔬菜煎熟。如能搭配原味優格，就是再好不過的點心了。

⏱ 20～25分
🍽 2～3人份

☐ 地瓜約1/3個(70克)
☐ 紅蘿蔔約1/3個(70克)
☐ 甜菜根約1/2個(80克)
☐ 印度咖哩粉1小匙(或一般咖哩粉,可依照個人喜好與感覺調整)
★材料說明參考18頁

☐ 鹽巴1小匙
☐ 胡椒粉少許
☐ 橄欖油2大匙
☐ 碎香芹少許(可省略)

+ 咖哩橄欖醬

❶ 將洋蔥與香芹切碎。
❷ 將橄欖油之外的材料倒入容器中充分攪拌,然後再把橄欖油倒入重新攪拌一次。

01
將地瓜、紅蘿蔔、甜菜根的皮削除後,分別切成厚1.5公分的條狀。

02
以220℃(迷你烤箱是210℃)預熱烤箱。把步驟①的蔬菜和印度咖哩粉、鹽巴、胡椒粉、橄欖油等放入容器中,均勻攪拌。

03
在烤盤上鋪烤盤紙,把步驟②拌好的蔬菜條平鋪在烤盤上,放進預熱好的烤箱中層烤20～25分鐘,直到完全熟透。

04
將烤好的根莖蔬菜裝盤,再搭配碎香芹與醬料即可。

碎洋蔥1小匙

＋

碎香芹1小匙(可省略)

＋

砂糖1大匙

＋

印度咖哩粉1小匙
(或一般咖哩粉)
★材料說明參考18頁

＋

醋1大匙

＋

橄欖油2小匙

＝

🥗 Salad Tip

沒有印度咖哩粉時有什麼替代方案? 在印度,咖哩粉是家庭中有需要時才會製作使用的香料,由番紅花、辣椒粉、辣椒、胡椒粉、生薑、芥末、肉桂等各種香料複合製成。大型超市或百貨公司的進口專區、線上購物商城都有販售,如果買不到可以用一般的咖哩粉代替。咖哩粉中薑黃的含量越高味道就越濃郁,請購買加了很多薑黃的咖哩粉,嘗試看看異國風味。

希臘風沙拉

這是希臘的夏季沙拉，以黃瓜、番茄與
希臘代表食材橄欖與菲達起司等材料製成，
是道清爽不油膩的沙拉，
很適合搭配多種西式料理。

節瓜緞帶沙拉

這是將節瓜與紅蘿蔔切成薄片
搭配酸甜醬料食用的沙拉。
生吃的節瓜與紅蘿蔔不僅顏色漂亮，
口感又脆，非常適合搭配優格醬料。

⏱15～20分
🍽2～3人份

☐ 黃瓜1個(200克)
☐ 番茄1個
　(小番茄，135克)
☐ 紅洋蔥1/2個
　(或洋蔥，70克)
☐ 黑橄欖6個
☐ 綠橄欖6個
☐ 菲達起司50克

[製做希臘風沙拉]

01 將黃瓜直的對切一半，再切成0.7公分厚的塊狀。番茄切成6～8等分，紅洋蔥則剁成0.5公分寬。

02 把黃瓜、番茄、洋蔥、橄欖、菲達起司放進容器中，淋上醬料均勻攪拌，最後再裝進碗裡。

🥗Salad Tip

菲達起司 是用羊奶做成的希臘起司。因為是沾了鹽水後熟成的起司，所以會有點鹹味，大部分都會浸泡橄欖油販售。可在大型超市、百貨公司的起司專區買到。

+ 香草檸檬醬

將橄欖油之外的材料放入容器中均勻混合，然後再倒入橄欖油混合一次。

 + +

碎洋蔥1大匙　乾奧勒岡1/2小匙　砂糖2小匙
　　　　　　　(可省略)

鹽巴1/2小匙　檸檬汁2大匙　橄欖油2大匙

=

⏱15～20分
🍽2～3人份

☐ 節瓜1/2個(200克)
☐ 紅蘿蔔1/4個(50克)
☐ 韭菜少許(或乾百里香，可省略)
☐ 葵花子1大匙(或松子)
☐ 檸檬之2大匙
☐ 鹽巴1/2小匙

[製作節瓜緞帶沙拉]

01 用刨絲器將節瓜與紅蘿蔔刨成像緞帶一樣又長又薄的片狀，撒上鹽巴與檸檬汁靜置5分鐘。

02 將韭菜切碎。

03 把節瓜、紅蘿蔔裝盤，撒上韭菜和葵花子之後搭配醬料食用。

+ 百里香優格醬

將橄欖油之外的其他材料倒入容器中均勻混合，最後再倒入橄欖油再混合一次。

 + +

原味優格4大匙　乾百里香1/2小匙　碎洋蔥2小匙
　　　　　　　(可省略)

 + +

砂糖2小匙　鹽巴1/2小匙　檸檬汁1大匙

　=　

橄欖油1大匙

🥗 Dressing Tip

百里香是種有甜蜜香味的香草，香味可以傳到百里之外，因而得名百里香。乾百里香可在大型超市或百貨公司、進口食品賣場買到，沒有百里香的話，也可以用乾芹、乾奧勒岡葉等香草代替。

煙燻起司鳳梨沙拉

帶有隱約煙燻香味的起司與甜甜的鳳梨結合而成的沙拉。
吃剩的沙拉可放進黑麥麵包裡，做成三明治來吃。

墨西哥豆沙拉

這是用清爽豆類搭配爽口蔬菜的輕食沙拉，
具有異國風味。
如果不喜歡香菜味，
可以省略或是以芹菜葉代替。

⏱ 20～25分
👥 2～3人份

□ 蘿蔓2～3片(40克)
□ 生菜30克
□ 鳳梨1個(100克)
□ 煙燻起司30克
　(或切片起司1又1/2片)
□ 花生1大匙

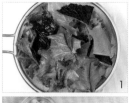

[製作煙燻起司鳳梨沙拉]

01 把蘿蔓和生菜用冷水洗乾淨,撕成一口可吃下的大小,裝在濾網裡將水瀝乾。

02 將鳳梨切成1公分×5公分的棒狀,煙燻起司切成0.3公分厚,花生則大致切碎。

03 將蔬菜與鳳梨、煙燻起司、花生均勻裝盤,然後再淋上醬料。

🥗 Salad Tip

陌生的材料,煙燻起司　將起司製成煙燻製品,可以使起司特有的味道不那麼強烈,讓小孩或對起司味道有所抗拒的人也能接受。亦可用布里起司或切片起司代替。

+ 鳳梨醬

將葡萄籽油外的材料放進小攪拌器中,將材料都打在一起之後再加入葡萄籽油混合一次。

 ＋

鳳梨片1/2個(50克)　碎洋蔥1大匙　醋2大匙

 ＋

檸檬汁1大匙　鹽巴1小匙　砂糖4小匙

 ＋ ＝

葡萄籽油1大匙
(或芥花籽油)

⏱ 20～25分
👥 2～3人份

□ 黑豆罐頭1/4罐(或菜豆罐頭,100克)
□ 玉米罐頭1/2罐(100克)
□ 黃甜椒約1/3個(60克)
□ 洋蔥1/4個(50克)
□ 番茄1個(或小番茄,135克)
□ 香菜少許(或芹菜葉,可省略)★材料説明參考17頁

[製作墨西哥豆沙拉]

01 將黑豆和玉米罐頭倒到濾網上,把湯汁瀝乾。

02 將甜椒切成四邊都是1公分寬的丁狀,洋蔥、番茄也切成一樣的大小。香菜則只要摘下前面的葉子。

03 把黑豆、玉米、甜椒、洋蔥、番茄、香菜葉放進容器中,跟醬料一起攪拌後裝進碗裡即可。

🥗 Salad Tip

沒有香菜時的替代方法?　香菜是墨西哥料理、東南亞料理、中式料理中常用的香料,也被稱為胡荽、胡荽葉等,可以芹菜葉替代。

+ 香菜檸檬醬

❶將香菜、洋蔥、青陽辣椒切碎。❷除了葡萄籽油以外的材料都放進容器中,均勻攪拌後倒入葡萄籽油再攪拌一次。

 ＋ ＋

碎香菜3大匙　碎洋蔥1大匙　碎青陽辣椒1大匙
(或芹菜葉,可省略)
★材料説明參考17頁

 ＋ ＋

蒜末1小匙　砂糖4小匙　鹽巴1小匙

 ＋ ＝

檸檬汁3大匙　葡萄籽油2大匙
(或芥花籽油)

烤香草麵包沙拉

烤麵包的味道真的很香吧？
這道沙拉中不但有烤麵包，還在其中加了香草。
可以用蒜末代替香草做成大蒜麵包，
或是用帕馬森起司粉做成起司麵包來搭配沙拉。

⏰ 20～25分　□ 萵苣4～5片(40克)　　□ 乾奧勒岡葉1/2小匙
🍽 2～3人份　□ 生菜30克　　　　　（可省略）
　　　　　　□ 全麥麵包2片　　　□ 鹽巴1/3小匙
　　　　　　□ 乾香芹1/2小匙(可省略)　□ 橄欖油2大匙

01

將萵苣和生菜用冷水洗淨後撕成一口大小，放在濾網裡將水瀝乾。

02

將全麥麵包切成一口大小。

03

用200℃（迷你烤箱190℃）預熱烤箱。把全麥麵包裝在容器裡，跟乾香芹、乾奧勒岡葉、鹽巴、橄欖油一起混合。

04

把步驟③的麵包放在烤盤上，放在烤箱中層烤8～10分鐘直到表面成金黃色。

05

把萵苣、生菜裝在盤子裡，再放上香草麵包，最後在淋上醬料。

🥗 **Salad Tip**

用平底鍋取代烤箱製作麵包塊＆運用各式香草　在麵包中加入鹽巴、橄欖油、香草（可省略），輕輕攪拌之後（同步驟③），把麵包放到熱好的平底鍋上，用小火將麵包正反面煎到金黃色。香草可混合乾香芹、奧勒岡葉、百里香、迷迭香等，也可以只用一種香草。

動手做醬料

＋花生巴薩米可醋醬

將橄欖油之外的材料倒進小攪拌器中，啟動攪拌器將材料混合後再倒入橄欖油混合一次。

花生20粒

＋

碎洋蔥1大匙

＋

巴薩米可醋3大匙

＋

砂糖4小匙

＋

鹽巴2/3小匙

＋

橄欖油3大匙

＝

🫐 **Dressing Tip**

如果沒有花生的話，可以用家中現成的腰果、杏仁等堅果類替代。核桃因為脂肪較多，不太推薦用來做醬料的材料。

西瓜哈密瓜沙拉

夏天的西瓜和哈密瓜單吃就很美味，
但如果能淋上蘭姆酒製成的醬料，
就能享受到全新的特殊風味沙拉了。
吃完主菜之後再吃這道甜點，
就能讓口氣更加清爽。

柳橙葡萄柚沙拉

酸甜的柳橙和葡萄柚，
是能幫助開胃的水果，
搭配較油膩的餐點也很不賴。
因為醬料加了一點酒精，
如果是小孩子要吃的話，
只吃水果就好。

⏰ 10～15分
🍴 2～3人份

□ 哈密瓜1/2個
　（或香瓜，200克）
□ 西瓜1/8個(200克)
□ 蘋果薄荷少許(可省略)

[製作西瓜哈密瓜沙拉]

01 將哈密瓜、西瓜隨意切成大塊狀，再把蘋果薄荷切碎。

02 把水果裝在碗裡，淋上醬料之後撒上蘋果薄荷即可。

+檸檬楓糖蘭姆醬

把蘭姆酒、楓糖漿、檸檬知道入容器中均勻混合。

 +

蘭姆酒1大匙　　　楓糖漿1大匙

 =

檸檬之1大匙

🍶 Dressing Tip

如果找不到蘭姆酒或桃子利口酒，可以改將紅酒（4大匙）、砂糖（2大匙）、檸檬汁（1大匙）、丁香（1個，可省略）混合，煮到沸騰使酒精揮發之後，再放涼使用。

⏰ 10～12分
🍴 2～3人份

□ 柳橙1個
□ 葡萄柚2個
□ 蘋果薄荷少許(可省略)

[製作柳橙葡萄柚沙拉]

01 將柳橙、葡萄柚剝皮，並將果肉挖出。
　★挖出柳橙、葡萄柚等水果果肉方法請參考29頁

02 把柳橙和葡萄柚裝進盤子裡，再淋上醬料，最後撒上蘋果薄荷。

+桃子利口酒醬

把桃子利口酒、檸檬汁、砂糖放進容器中混合。

桃子利口酒1大匙　　　砂糖1大匙

檸檬汁1/2大匙

🍶 Dressing Tip

如果找不到蘭姆酒或桃子利口酒，可以改用紅酒（4大匙）、砂糖（2大匙）、檸檬汁（1大匙）、丁香（1個，可省略）混合，煮到沸騰使酒精揮發之後，再放涼使用。

蘋果甜菜根沙拉

甜菜根在俄國是一種廣為人知的長壽食品，
紅色能夠刺激食慾，再搭配蘋果絲、淋上醬料之後，
拿來搭配肉類或義大利麵料理，能讓餐點更具賣相。

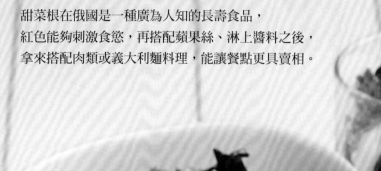

草莓優格沙拉

這是道就算草莓過季無味、酸澀，
也能夠美味享用的沙拉。
適合用來搭配鬆餅、
法式吐司等早午餐。

⏱ 10～15分
🍽 2～3人份

☐ 蘋果1/2個(100克)
☐ 甜菜根1個(160克)
☐ 葵花子4大匙(35克)
☐ 檸檬汁2小匙
☐ 鹽巴1/2小匙
☐ 碎薄荷葉少許(可省略)

[製作蘋果甜菜根沙拉]

01 把蘋果和甜菜根切成0.3公分厚的絲狀,裝進容器裡淋上檸檬汁和鹽巴之後拌5分鐘。

02 把醬料淋在步驟①的成品裡,拌勻之後裝進碗裡,再佐以葵花子和碎薄荷葉。

＋蘋果甜菜根醬

把蘋果、甜菜根、砂糖、檸檬汁、鹽巴放進果汁機中打在一起,然後倒入葡萄籽油後再打一次。

 ＋ ＋

蘋果1/3個(75克)　甜菜根1/5個(30克)　砂糖2大匙

 ＋ ＋

檸檬汁4大匙　　鹽巴1小匙　　葡萄籽油2大匙
　　　　　　　　　　　　　　(或芥花籽油)

＝

⏱ 5～10分
🍽 2～3人份

☐ 草莓15～20個
☐ 藍莓1/3杯
☐ 原味優格1盒(90克)
☐ 穀片少許(可省略)
☐ 蘋果薄荷少許(可省略)

[製作草莓優格沙拉]

01 把草莓的蒂摘除,對切。

02 把原味優格、草莓、藍莓、穀片裝進碗裡,再淋上醬料。

🥗Salad Tip

當早餐享用　放很多優格和穀片就適合拿來當成早餐,忙碌的早晨可以簡單做來吃,如果搭配土司或鬆餅就更有飽足感了。

＋楓糖巴薩米可醋醬

把楓糖漿和巴薩米可醋裝進容器裡充分混合。

楓糖漿1大匙(或蜂蜜)

＋

 ＝

巴薩米可醋1小匙

紅蘿蔔沙拉

這道沙拉是紅蘿蔔和肉桂香醬料的組合，
可當成肉類料理或義大利麵的配菜。

奇異果蟹肉沙拉

這是道完美結合奇異果酸甜滋味與蟹肉的沙
拉。奇異果含有分解蛋白質的酵素，搭配海鮮
料理不僅能提振食慾，更能幫助消化。

⏱ 10～15分
🍴 2～3人份

☐ 紅蘿蔔1又1/2個(300克)
☐ 柳橙1個(200克)
☐ 葡萄乾3大匙
　(或水果乾，40克)
☐ 開心果3大匙
　(或花生、杏仁等15克)

[製作紅蘿蔔沙拉]

01 將紅蘿蔔斜切後切絲。

02 柳橙剝皮後只留下果肉。
　★挖出柳橙果肉方法請參考29頁

03 把紅蘿蔔、柳橙、葡萄乾、開心果放進容器中，淋上醬料攪拌之後，分裝到小碗裡。

＋肉桂醬

❶將洋蔥切碎，把肉桂粉、砂糖、鹽巴、碎洋蔥放進容器中拌勻。❷倒入醋混合後，再倒入葡萄籽油混合。

 ＋ ＋

肉桂粉（桂皮粉）　　砂糖4小匙　　　鹽巴2小匙
1小匙

 ＋ ＋

碎洋蔥2小匙　　　　醋2大匙　　　葡萄籽油2大匙
　　　　　　　　　　　　　　　　（或芥花籽油）

＝

⏱ 10～15分
🍴 2～3人份

☐ 萵苣約1/3個(180克)
☐ 蟹肉棒4條(80克)
☐ 奇異果2個
☐ 蘿蔔嬰少許(可省略)

[製作奇異果蟹肉沙拉]

01 用冷水將萵苣洗乾淨，撕成一口大小之後放在濾網上將水瀝乾。

02 將蟹肉棒直的撕開，奇異果剝皮後跟照片一樣切成六等分。

03 把萵苣、奇異果、蟹肉均勻裝盤，淋上醬料之後再放一點蘿蔔嬰即可。

＋奇異果醬

把奇異果、砂糖、醋、鹽巴、洋蔥放進小攪拌器中打在一起之後，倒入葡萄籽油再打一次。

 ＋ ＋

奇異果1個　　　　砂糖1大匙　　　醋2大匙

 ＋ ＋

鹽巴1小匙　　　　碎洋蔥1小匙　　葡萄籽油2大匙
　　　　　　　　　　　　　　　　（或芥花籽油）

＝

橘子沙拉

這是深受小孩喜歡的酸甜橘子沙拉。
香氣四溢的橘子醬味道很簡單，也適合用於其他的料理。
最好能使用新鮮的橘子代替橘子罐頭。

⏱ 20～25分
👤 2～3人份

□ 橘子罐頭10～20片(新鮮橘子，130克)
□ 高麗菜12～13片(120克)
□ 黃瓜1/4根(50克)

01

用冷水將高麗菜洗乾淨，撕成一口大小之後裝在濾網裡將水瀝乾。

02

將黃瓜切成5公分長，削或切成薄片之後再切絲。

03

把高麗菜、橘子、黃瓜裝進盤子裡，最後淋上醬汁。

＋橘子醬

把橘子罐頭中的橘子、砂糖、檸檬汁、鹽巴、洋蔥等放進攪拌器中，攪拌均勻後倒入葡萄籽油再打一次。

橘子罐頭9～10片(70克)

＋

砂糖1大匙

＋

檸檬汁2大匙

＋

鹽巴2/3小匙

＋

碎洋蔥1小匙

＋

葡萄籽油1大匙
(或芥花籽油)

＝

🫐 Salad Tip

製作適合這道沙拉的堅果配料　可以將美洲胡桃或核桃，用平底鍋稍微乾煎一下做搭配。也可以把這些堅果類跟蛋白、砂糖攪拌，用烤箱烤過再拿來食用，這樣能去除堅果特有的澀味，增加甜度、酥脆的口感，讓沙拉更好吃。製作方法請參考65頁。

甜柿沙拉

用富含有助皮膚美容之維他命A與C的甜柿製成，
又甜又爽口的甜柿，非常適合搭配微苦的菊苣。
醬汁也是用磨碎的甜柿製成，讓沙拉吃起來更
甜、更好吃。

⏱ 20～25分
🥕 2～3人份

☐ 甜柿1個(200克)
☐ 萵苣5～6片(50克)
☐ 菊苣6～7片(20克)
☐ 美洲胡桃約35個
　(或核桃30克)

☐ 蛋白1/2個
☐ 砂糖2大匙
☐ 鹽巴1/4小匙

01

將萵苣和菊苣用冷水沖洗過後撕成一口大小,再放進濾網中將水瀝乾。

02

將甜柿去皮後切成0.3公分厚片。

03

以220℃(迷你烤箱210℃)預熱烤箱。將蛋白、砂糖、鹽巴放進容器中攪拌均勻之後,再放入美洲胡桃混合。

04

在烤盤上鋪鋁箔紙,將美洲胡桃平鋪在上面,放到預熱好的烤箱上層烤10～15分鐘,將胡桃烤到酥脆後再拿出來冷卻。

05

將甜柿、萵苣、菊苣裝盤,再撒上一些美洲胡桃搭配,最後淋上醬汁。

＋甜柿醬

把甜柿、柿子醋、洋蔥、砂糖、鹽巴放入小攪拌器中拌勻,再倒入葡萄籽油後混勻。

甜柿1/4個(50克)

＋

柿子醋2大匙
(或醋1大匙＋砂糖2大匙)

＋

碎洋蔥1小匙

＋

砂糖2小匙

＋

鹽巴1小匙

＋

葡萄籽油1大匙
(或芥花籽油)

＝

🥗Salad Tip

用美洲胡桃或核桃做配料時該怎麼做? 雖然可以用平底鍋稍微乾煎一下拿來搭配,但如果想做得更好吃,就要把美洲胡桃或核桃跟蛋白、砂糖攪在一起,用烤箱烤過之後再吃。這樣能消除堅果特有的苦澀,吃起來更甜更脆,使沙拉變得更美味,也能直接當成點心食用。

chapter 2
適合搭配韓式料理的
配菜沙拉

雖然沙拉是西方料理，但在高級的韓式餐廳經常能看見當季蔬菜加醬油、韓式豆瓣醬、辣椒粉等韓國傳統醬料的韓式沙拉。近年來，為了健康希望能多吃點蔬菜，也有越來越多人製作韓式沙拉當做配菜。在這裡我想推薦大家使用一些當季蔬菜，春季是山蒜、薺菜、楤木芽、茴芹等；夏天則是黃瓜、韭菜、節瓜、茄子等夏季蔬菜；秋季和冬季有山藥、沙參、蓮藕、紅蘿蔔等根莖類蔬菜和甜甜的菠菜等。如果再搭配肉類或當季海鮮，真是最豐盛的配菜了。在準備韓式沙拉時，必須要特別在醬汁的調味上下功夫，開胃菜要淡一點，小菜則要做得稍微鹹一點。不過為了健康，即便是配菜用的沙拉，還是要盡可能調味淡一點，才能夠吃下更多蔬菜。

炸豆腐茼芹沙拉

這是將軟嫩的豆腐炸到酥脆，再佐以茼芹的沙拉。
香濃的芝麻醬非常適合搭配清香的茼芹，
不僅能當作配菜，也是一道很棒的料理。

20～25分
2～3人份

□ 煎煮用豆腐1/2塊(150克)
□ 茼芹2把(100克)
　(手抓一把的量請參考29頁)
□ 洋蔥1/2個(100克)
□ 太白粉3大匙
□ 鹽巴1小匙
□ 食用油1/2杯

動手
做醬料

+紫蘇子醬

把葡萄籽油以外的材料倒入小攪拌器中打在一起，然後倒入葡萄籽油後再打一次。

紫蘇子2大匙(或芝麻粉)
+

砂糖2小匙
+

醋1大匙
+

釀造醬油2大匙
+

料理用米酒1大匙
+

葡萄籽油2大匙
(或芥花籽油)
‖

01

將豆腐切成1.5公分×4公分大小，裝在盤子裡撒上鹽巴。等到豆腐出水，再用廚房紙巾將水擦乾。

02

將茼芹切成4公分長段。把洋蔥切成絲之後泡在冷水裡去除辣味，再用濾網撈起將水瀝乾。

03

把太白粉撒在盤子裡，將豆腐放上去均勻裹上太白粉。

04

在平底鍋油倒入油，將豆腐以中火煎2～3分鐘直到豆腐表面呈現金黃色，然後再放到廚房紙巾上將多餘的油脂吸乾。最後將茼芹、洋蔥、豆腐放在碗裡，再搭配醬料。
★食用油的量大約是能豆腐的1/3高度最為適當，可隨著平底鍋的大小調整油量。

Salad Tip

適合這道沙拉的其他材料 可用香味很好聞的茼蒿或芝麻葉等蔬菜代替茼芹，將蔬菜撕成一口可吃下的大小即可。如果想降低熱量，可用生豆腐代替用油煎過的豆腐。

馬鈴薯絲山蒜沙拉

這是道將清脆爽口的馬鈴薯絲與能清理口腔味道的微辣山蒜完美結合的沙拉，
微酸的醬汁最適合搭配肉類料理。現在就來試試馬鈴薯絲山蒜沙拉這新口味吧！

⏰ 15～20分
👥 2～3人份

☐ 馬鈴薯2個(中等大小,320克)
☐ 山蒜2把(100克)(手抓一把的量請參考29頁)
☐ 紅辣椒1個

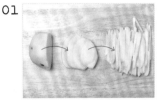

01

將馬鈴薯切成0.5公分的絲。

02

將馬鈴薯絲浸泡在冷水裡去除澱粉。

03

將山蒜的球根皮剝掉,清除根莖之間的泥土之後洗淨,切成5公分長段。紅辣椒切片。

04

把馬鈴薯放進沸騰的鹽水(水6杯+鹽巴2小匙)汆燙1分鐘,接著用冷水沖洗後撈起瀝乾。

05

把燙過的馬鈴薯、山蒜、紅辣椒倒進容器中,淋上醬汁後攪拌混合,裝盤。

🥗 Salad Tip

又美味又美麗的烹飪重點 如果馬鈴薯絲的水分沒有完全瀝乾,調味就會變淡,所以盡可能將水分瀝乾。如果覺得調味太淡,可用鹽巴代替醬油調味,味道會比較甘甜。

動手
做醬料

+山蒜醬

❶將山蒜切碎。
❷把葡萄籽油、麻油以外的材料倒進容器中,均勻攪拌後放入葡萄籽油、麻油再攪拌一次。

山蒜2～3把(15克)

+

砂糖1大匙

+

鹽巴1/2小匙

+

釀造醬油1小匙

+

醋4小匙

+

葡萄籽油1大匙
(或芥花籽油)

+

麻油1大匙

||

楤木芽豆腐沙拉

將通常都是汆燙後沾辣椒醬吃的楤木芽做成沙拉，
又香又苦的楤木芽燙過後，拌上清淡的豆腐與鹹鹹的明太子醬，
成為一道能夠充分提振食慾的高級配菜沙拉。

25～30分
2～3人份

□ 楤木芽10株(200克)(也可用其他蔬菜代替)
□ 豆腐1/3塊(100克)
□ 鹽巴1小匙
□ 芝麻1大匙

+明太子醬

❶將明太子的皮紙剝開。❷用手把芝麻壓碎。❸將麻油之外的材料倒進容器中拌勻,加入麻油之後再攪拌一次。

明太子1/2個(30克)
+

芝麻1大匙
+

釀造醬油4小匙
+

料理米酒4小匙
+

蒜末1/2小匙
+

麻油1大匙
=

01

將楤木芽底部切除,外層的纖維質剝掉放入沸騰的鹽水中(水6杯+鹽巴2小匙)汆燙1分～1分30秒。
★燙楤木的時候,要從底部開始放進水裡。

02

燙過的楤木芽用冷水洗過之後,放在濾網上將水瀝乾,再切成兩等分。

03

將豆腐切成一口大小,裝在盤子裡撒上鹽,等到豆腐生水之後再用廚房紙巾擦乾。

04

把豆腐放在濕棉布或廚房紙巾中間,用力擠壓將豆腐擠碎。

05
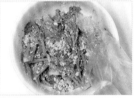

把楤木芽、碎豆腐、芝麻放進容器中拌勻,裝盤之後再淋上醬汁。

Salad Tip

選擇新鮮楤木芽的方法 4～5月的當季楤木芽有特殊苦味,有助提振食慾,是非常好的蔬菜。品種分成從土裡或從土當歸裡長出來的兩種,在選擇楤木芽時,要注意底部是否厚實,並盡量選擇濕潤不乾枯的。

薺菜沙拉

即便是味道普普通通的韓式味噌湯，
只要放一把薺菜，就會成為清爽、
充滿春天香味的韓式味噌湯。
燙過的薺菜、清脆的高麗菜、
有嚼勁的烏賊，
搭配加了韓式味噌的紫蘇油醬，
就是一道非常厲害的
配菜兼頂級沙拉料理。

⏰ 25～30分
🍴 2～3人份

□ 薺菜12～13株(50克)
□ 高麗菜10～11片(100克)
□ 烏賊2隻(或魷魚1隻,200克)

01

將高麗菜用冷水洗過後,撕成一口大小,裝在濾網裡將水瀝乾。

02

摘除枯黃的薺菜葉,並將根部整理過後,用沸騰的鹽水(水6杯+鹽巴2小匙)汆燙20秒,接著用冷水沖洗後瀝乾。

03
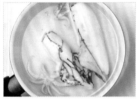
去除烏賊內臟後,汆燙15～20秒,再放到冷水裡沖洗,最後撈起來將水瀝乾。
★處理魷魚的方法請參考29頁。

04

將烏賊的身體切成0.5公分厚的環圈狀,腳則切成一口大小。

05

把高麗菜和薺菜裝盤,放入一些烏賊,最後淋上醬汁。

🐱Salad Tip
將薺菜整理乾淨的方法　因為薺菜葉片之間都有很多泥土、異物,所以要先浸泡在水中把髒東西洗掉。接著將枯黃的葉子摘除,再放進水裡輕輕搖晃,洗乾淨之後把剩下的根部切掉,再沖洗一次。

動手
做醬料

+紫蘇油醬

將紫蘇油以外的材料放進容器中,拌勻之後加入白蘇油再拌一次。

韓式味噌1又1/2大匙
+

砂糖2小匙
+

蒜末1/2小匙
+

料理米酒2小匙
+

醋1大匙
+

紫蘇油2大匙(或麻油)
=

垂盆草沙拉

簡單淋一點辣椒醬就非常好吃的垂盆
草，搭配很有嚼勁的乾明太魚絲，就
是道端上桌也毫不遜色的配菜沙拉。

韓式五花肉白菜沙拉

五花肉搭配上由甜甜大白菜和微鹹三趾樹菜所製成的
沙拉，不僅能當配菜，還能當作下酒菜搭配爽口的馬
格利酒（韓國米酒）。可用豬頸肉或豬腰肉代替五花
肉做搭配。

🕐 10～15分
🍽 2～3人份

□ 垂盆草約5把(120克)
　(手抓一把的量請參考29頁)
□ 洋蔥1/2個(100克)
□ 乾明太魚絲1杯(30克)
□ 料理米酒1大匙
□ 釀造醬油1/2小匙
□ 麻油1大匙

[製作垂盆草沙拉]

01 將垂盆草切成一口大小。將洋蔥切絲，放進冷水裡沖洗以去除辣味，再撈起來將水瀝乾。

02 用手把乾明太魚撕成絲狀之後，加入料理米酒、釀造醬油、麻油混合調味。
　★乾明太魚絲要拌過醬料入味後，口感較軟較好吃。

03 將垂盆草、洋蔥、乾明太魚絲裝盤，再淋上醬料即可。

動手做醬料

＋麻油辣椒醬

將麻油、葡萄籽油以外的材料倒進容器中拌勻，接著倒入麻油、葡萄籽油後再攪拌一次。

辣椒粉1大匙
＋

砂糖4小匙
＋
塩巴1/2小匙

醋2大匙
＋

麻油1大匙
＋

葡萄籽油1大匙
（或芥花籽油）

＝

🕐 20～25分
🍽 2～3人份

□ 五花肉200克
□ 大白菜6片(230克)
□ 三趾樹菜1/3把(或青蔥，20克)(手抓一把的量請參考29頁)
□ 紅辣椒1個
□ 塩巴少許
□ 胡椒粉少許

[製作韓式五花肉白菜沙拉]

01 將大白菜縱向切半之後，撕成一口大小。再將紅辣椒的籽挖掉，切絲。將三趾樹菜切成4公分長，用冷水洗過之後撈起瀝乾。

02 將五花肉切成3公分寬薄片。

03 用已經預熱的平底鍋乾煎五花肉，撒上塩巴、胡椒粉之後，用中火將兩面各煎2分鐘，直到表面酥脆之後再用廚房紙巾將油吸乾。

04 把蔬菜放進容器中，拌過醬汁之後裝盤，再搭配五花肉擺盤即可。

動手做醬料

＋韓式沾醬

❶用手將芝麻碾碎。❷將麻油以外的材料放進容器中，拌勻之後放入麻油再攪拌一次。

芝麻1大匙
＋

料理米酒1大匙
＋

水2大匙

寡糖1大匙
＋

韓式味噌1大匙
＋

辣椒醬1/2大匙

辣椒粉2小匙
＋

蒜末2小匙
＋

芝麻油2大匙

＝

沙參涼粉煎沙拉

這道沙拉中將原本只是沾醬吃的涼粉，拿去煎烤後變得更有嚼勁。
清香的沙參配上涼粉煎，就成了一道充滿異國風情的沙拉。

⏱ 25～30分
🍽 2～3人份

□ 沙參2株(60克)
□ 綠豆涼粉1/2塊(或蕎麥涼粉，200克)
□ 嫩生菜葉2把(40克)(手抓一把的量請參考29頁)

□ 鹽巴少許
□ 雞蛋1個
□ 食用油2大匙

動手做醬料

+沙參醬油

❶ 將沙參切碎。
❷ 把材料都放到容器裡均勻混合。

沙參1/2根(15克)
+

料理米酒1大匙
+

沙糖1小匙
+

辣椒粉1小匙
+

釀造醬油5小匙
+

檸檬汁1大匙
＝

01

將沙參削皮後切成0.5公分寬，再用桿麵棍壓平。
★碰觸沙參時要帶手套，手才不會沾到汁液。

02

用手順著紋路將變軟的沙參撕成絲狀。

03
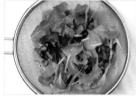

嫩生菜葉用冷水沖洗過後，瀝乾。

04

將綠豆涼粉切成3公分×4公分、0.7公分厚的大小，再撒上鹽調味。

05

把雞蛋打散做成蛋汁，均勻裹在綠豆涼粉上。用中火將兩面反覆各煎1分鐘，煎好之後將涼粉煎裝盤，擺上沙參與嫩生菜葉，最後淋上醬汁。

🥗Salad Tip

乾淨俐落料理沙參的方法 沙參削皮時會滲出黏稠的汁液，最好是戴上手套後再觸碰。可以拿著刀邊旋轉沙參邊將皮削下，或是使用刨絲器。因為沙參有特殊的苦味，也可以先在鹽水中浸泡再使用。此動作雖然能去除苦味，但特殊的味道和香味也會變弱。

章魚沙拉

這道沙拉中，加了蛋白質含量高、脂肪少且對減肥十分有益的章魚和野芹菜。醬汁調得比較清淡，足以凸顯章魚和野芹菜本身的味道。

蒜苗血蛤沙拉

這是道清脆爽口的蒜苗搭配血蛤的簡單沙拉。血蛤對兒童的成長發育很好，也能有效預防貧血。

⏰ 15～20分
🍽 2～3人份

□ 冷凍章魚腳2條(180克)
□ 野芹菜約20株(30克)
□ 洋蔥1/2個(100克)

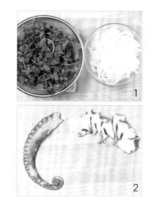

1

2

[製作章魚沙拉]

01 把野芹菜根部去除,並將洋蔥切絲。
　　★野芹菜的莖如果很長,就切成5公分長。

02 冷凍章魚用沸騰的鹽水(水6杯+鹽巴2小匙)汆燙30秒,撈起來將水瀝乾後再切成薄片。

03 把洋蔥和野芹菜混合裝盤,章魚也裝盤,最後再淋上醬汁。

動手
做醬料

＋芥末醬油

將葡萄籽油以外的材料裝進容器中,均勻混合後倒入葡萄籽油再混合一次。

 ＋ ＋

芥末(綠芥末)1大匙　　砂糖1大匙　　釀造醬油2大匙

 ＋ ＋

胡椒粉少許　　檸檬汁1大匙　　醋1大匙

 ＝

葡萄籽油1大匙
(或芥花籽油)

⏰ 25～30分
🍽 2～3人份

□ 蒜苗18株(170克)
□ 血蛤30個
□ 紅辣椒1個

2

4

[製作蒜苗血蛤沙拉]

01 將血蛤和鹽巴2大匙一起倒進容器中,用手翻動清洗後,再用水沖洗2～3次。之後浸泡在鹽水裡(水5杯+鹽巴1大匙)1小時讓血蛤吐沙。

02 將蒜苗切成5公分長。紅辣椒切半之後把籽挖掉,切絲。

03 將蒜苗放進沸騰的鹽水(水6杯+鹽巴2小匙)中汆燙30秒,撈起過冷水後將水瀝乾。

04 把血蛤放進步驟③的鍋子裡煮,等到有5～6顆血蛤的殼開始打開之後就把火關掉。等到所有的血蛤殼都打開,就把血蛤撈出來放到冷水裡洗一洗,再把肉挖出。

05 把蒜苗、血蛤、紅辣椒放進容器中,淋上醬汁拌勻後裝盤即可。

動手
做醬料

＋辣醬油

將麻油以外的材料放進容器中,均勻混合後再倒入麻油混合一次。

 ＋ ＋

料理米酒2大匙　　釀造醬油1大匙　　韓國味噌1大匙

 ＋ ＋

辣椒粉2小匙　　碎蔥2小匙　　蒜末1小匙

 ＝

麻油2大匙

韭菜海螺沙拉

爽口的韭菜淋上含滿松子的醬汁，
再放上嚼勁十足的海螺，吃起來口感相當高級，
最適合用來搭配有質感的料理了。

⏱ 25～30分
🥕 2～3人份

☐ 海螺3個
☐ 韭菜2把(80克)(手抓一把的量請參考29頁)
☐ 洋蔥1/4個(50克)
☐ 松子1大匙(或腰果)
☐ 清酒2大匙(或料理米酒)

動手做醬料

+松子醬

把材料放進攪拌器中拌勻。

炒過的松子5大匙

＋

砂糖3大匙

＋

醋4大匙

＋

鹽巴1/2小匙

＝

01

鍋子裡裝入可浸泡住2/3海螺的水量，沸騰之後倒入清酒和海螺，煮15～17分鐘，再放到冷水裡浸泡冷卻。

02

把筷子戳進海螺的開口裡，稍微轉一轉把海螺肉挖出來。

03

將海螺肉切成0.3公分厚片。

04

韭菜切成5公分長，並將洋蔥切絲。將松子放到未放油的平底鍋上，以中火翻炒3分鐘。

05

將韭菜、洋蔥、海螺肉裝盤，淋上醬汁之後再撒上松子即可。

🥗Salad Tip

適合這道沙拉的其他材料 因為海螺不是一年四季都有的海鮮，如果沒有海螺，也可以汆燙有嚼勁又清爽的鮑魚或蝦子來替代。

韭菜沙拉

爽口萵苣配上能清理血液的韭菜，再佐以炒過的紅蝦，增添了另一番好滋味。可和適合搭配韭菜的五花肉或參雞湯一起吃。

烤大蔥沙拉

烤過之後可以降低大蔥的辣味並增添甜味，搭配小鯷魚乾和鹹鹹的醬汁，就成了一道全新的沙拉。適合當做配菜，也是一道能夠拿來當作牛排配菜的沙拉。

⏱ 10～15分
🍽 2～3人份

□ 韭菜1又1/2把(75克)(手抓
　一把的量請參考29頁)
□ 萵苣10～11片(100克)
□ 洋蔥1/5個(40克)
□ 紅蝦乾(或乾蝦米)1/2杯
　(15克)

[製作韭菜沙拉]

01 將紅蝦乾以中火翻炒2分鐘後使其冷卻備用。

02 將萵苣撕成0.3公分×5公分的絲,韭菜則切成5公分
　長段,洋蔥切絲。

03 把韭菜、萵苣、洋蔥裝盤,撒上紅蝦乾後再淋上醬料
　即可。

+ 白芝麻醬油

將葡萄籽油以外的材料放進攪拌器中,把所有
材料都拌勻,再倒入葡萄籽油。

 + +

芝麻4大匙　　釀造醬油2大匙　　料理米酒3大匙

 +   +

砂糖2小匙　　碎蔥1小匙　　葡萄籽油1大匙
　　　　　　　　　　　　　(或芥花籽油)

=

⏱ 10～15分
🍽 2～3人份

□ 大蔥20公分×4根(260克)
□ 小鯷魚乾1/4杯(15克)
□ 食用油2大匙

[製作烤大蔥沙拉]

01 把小鯷魚乾以中火翻炒1分鐘後裝起備用。

02 將包括白色部分的整株大蔥切成20公分長段,再直
　的對半切,抹上食用油。

03 把大蔥放到預熱的烤盤(或平底鍋)上,以大火前後
　翻烤1分鐘,直到烤出清楚的烤盤痕跡之後再裝盤,
　淋上醬汁後撒上小鯷魚乾即可。

+ 蠔油醬

把材料全部放進小湯鍋中,均勻混合之後以中
火熬煮,使其連續沸騰1分鐘後再關火冷卻。
★烤大蔥的時候已經加了食用油,所以醬汁裡
不能放油,這樣吃起來才會爽口不油膩。

 + +

料理米酒1大匙　　砂糖4小匙　　蒜末2小匙

 + +

蠔油2小匙　　釀造醬油2小匙　　水2大匙

=

肉餅蔬菜沙拉

這是用軟嫩牛肉製成的肉餅搭配苦菜的沙拉，微苦的苦菜有助提振食慾，
可以當成下酒菜，無論配米酒或韓國燒酒都合適。

🕐 20～25分　□ 牛後腿肉120克　　□ 蛋液約2顆蛋
🍚 2～3人份　□ 韭菜1又1/2把(60克)(手抓　□ 鹽巴1/2小匙
　　　　　　　一把的量請參考29頁)　□ 胡椒粉少許
　　　　　　　□ 苦菜約3把(60克)　　□ 食用油2大匙
　　　　　　　□ 麵粉6大匙

＋苦菜醬油

❶將苦菜切碎。
❷將葡萄籽油之外的材料都倒入容器中，均勻混合後倒入葡萄籽油再攪拌一次。

01 將苦菜洗乾淨之後，切成一口大小，韭菜則切成5公分長。

02 將牛肉往紋路反方向切成0.4公分厚，撒上鹽巴、糊椒粉調味。

苦菜約1把(15克)

＋

砂糖1又1/2大匙

＋

辣椒粉1大匙

＋

釀造醬油3大匙

＋

醋2大匙

＋

葡萄籽油1大匙
（或芥花籽油）

＝

03 把牛肉依序沾上麵粉、蛋液。

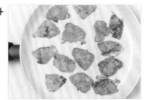

04 將牛肉以中火將正反面各煎1分30秒。
★食用油不夠的話就多放一點再煎。

05 把苦菜和酒菜裝進容器中，淋上醬汁後拌勻。將蔬菜裝盤後再搭配肉餅即可。

🥗 Salad Tip

正確處理苦菜的方法　苦菜要將較澀的部份摘掉，用水洗乾淨之後再把鬚根切除。如果不喜歡苦菜特殊的苦味和澀澀的口感，可用鹽水汆燙、冷水沖洗過後再拿來使用，這樣吃起來味道比較柔和。

🍓 Dressing Tip

苦菜是苦味較重的材料，可依據個人喜好調整份量。

黃瓜沙拉

用黃瓜搭配爽口、微辣的醬油
所製成黃瓜沙拉，取代我們常
吃的拌黃瓜小菜。感受黃瓜真
實的爽脆口感，特別適合搭配
烤魚料理。

白蘿蔔沙拉

蘿蔔也能做成有質感的沙拉，
搭配鹽烤牛上腰肉或牛板腱肉
會非常美味。

⏱ 15～20分
🍽 2～3人份

☐ 黃瓜1又1/2個(300克)
☐ 紅辣椒1個
☐ 大蔥(白色部分)5公分

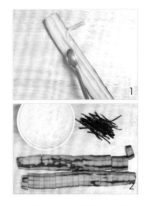

[製作黃瓜沙拉]

01 用刨絲器將黃瓜皮刨下之後，將黃瓜直的對半切開，再用湯匙將中間的黃瓜籽挖掉。

02 把黃瓜切成1公分寬段，紅辣椒切絲。大蔥切絲後浸泡在冷水裡，等蔥開始彎曲之後就撈出將水瀝乾。

03 將黃瓜裝盤，上頭均勻撒上大蔥和紅辣椒，最後再淋上醬汁。

動手做醬料

＋青陽辣椒醬油

❶ 將青辣椒的籽挖掉並切碎。
❷ 將麻油之外的材料倒入容器中，拌勻後加入麻油再攪拌一次。

青辣椒1個　　＋　　釀造醬油2大匙　　＋　　砂糖2小匙

蒜末1小匙　　＋　　醋2小匙　　＋　　麻油1大匙

＝

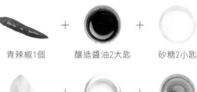

⏱ 10～15分
🍽 2～3人份

☐ 白蘿蔔3×15公分1根(120克)
☐ 櫻桃蘿蔔2個
☐ 蘿蔔嬰少許(可省略)

[製作白蘿蔔沙拉]

01 將白蘿蔔切成寬3公分×長15公分大小，再用刨絲器刨成像緞帶一樣又長又薄的蘿蔔薄片。

02 將櫻桃蘿蔔切片。

03 將蘿蔔、櫻桃蘿蔔、蘿蔔嬰裝盤，然後再淋上醬料即可。

動手做醬料

＋辣紅醋醬

將葡萄籽油以外的材料倒入容器中，拌勻後加入葡萄籽油再攪拌一次。

胡椒粒1大匙　　＋　　碎大蔥1大匙　　＋　　砂糖2小匙
(或粗辣椒粉)
★材料說明參考19頁

鹽巴1/2小匙　　＋　　蒜末1小匙　　＋　　紅醋2大匙
　　　　　　　　　　　　　　　　　　　　(或醋1大匙+砂糖1大匙)

葡萄籽油2大匙　　＝
(或芥花籽油)

蓮藕鮮蝦沙拉

蓮藕富含纖維質，是廣為人知的減肥食品。
汆燙過後口感更脆，適合做成沙拉食用，如果再搭配酸辣的醬汁，
不僅是道能提振食慾的沙拉，更是出色的開胃菜。

⏰ 20～25分
👥 2～3人份

□ 蓮藕1/2個(150克)
□ 新鮮蝦仁8隻
□ 洋蔥1/2個(100克)
□ 芝麻葉4片

01

將蓮藕皮削去後，把蓮藕切成0.5公分厚片。

02

把蓮藕放進沸騰的醋水(水6杯＋醋3大匙)中汆燙1分鐘。

03

將蝦肉放進沸騰的鹽水(水4杯＋鹽巴1/2大匙)中汆燙1分鐘。

04
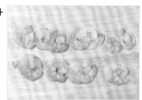
將新鮮蝦肉放進冷水裡沖洗後將水瀝乾，縱切成兩等份。

05
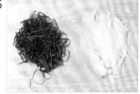
將芝麻葉捲起來切絲，洋蔥也切絲。

06

將蓮藕、蝦肉、洋蔥、芝麻葉裝盤，最後再搭配醬料即可。

動手做醬料

+紅醋蒜醬

❶將紅辣椒的籽挖掉後切碎。
❷將葡萄籽油之外的材料放進容器中，拌勻後加入葡萄籽油再攪拌一次。

碎紅辣椒1大匙
＋

砂糖2小匙
＋

鹽巴1/2小匙
＋

＋蒜末1/2小匙
＋

紅醋3大匙(或醋2大匙＋砂糖1大匙)
＋

葡萄籽油1大匙(或芥花籽油)
＝

🍓Salad Tip

選擇、處理新鮮蓮藕的方法　選擇蓮藕的時候，要選擇長度長又粗的。蓮藕剝皮後會立刻變色，最好立刻用醋水汆燙。

燙香菇沙拉

這是將各種香菇汆燙後，淋上牛肉醬汁製成的沙拉。

香菇的口感非常有嚼勁，牛肉醬汁則又香又美味，用來配飯能讓小孩子食慾大增。

如果有剩下的沙拉，也可以放在白飯上面，做成簡單的蓋飯。

⏱ 20～25分
🍴 2～3人份

☐ 杏鮑菇2個(90克)
☐ 秀珍菇1又1/2把(75克)(手抓一把的量請參考29頁)
☐ 香菇4個(100克)
☐ 紅辣椒1個

01

製作醬汁。在預熱好的平底鍋裡塗上葡萄籽油，放入碎牛肉以中火翻炒2分鐘，再把剩下的材料放進去，熬煮2～3分鐘直到剩下2/3的量，關火冷卻。

02

杏鮑菇縱向切成3～4等分，秀珍菇2～3個為一組剝開，香菇則切成一口大小。

03

將所有菇類放進沸騰的鹽水（水6杯＋鹽巴2小匙）氽燙1分鐘，接著用冷水沖洗，再用廚房紙巾或抹布上輕輕按壓將水吸乾。

04

將紅辣椒的籽挖掉之後切碎。

05

把所有香菇裝盤、淋上醬料，再搭配碎辣椒即可。

＋牛肉醬

❶將洋蔥切碎。❷將葡萄籽油塗抹在預熱好的平底鍋上，再將碎牛肉放入以中火翻炒2分鐘。❸把剩下的材料放進去，熬煮2～3分鐘直到剩下2/3的量為止，關火冷卻（步驟①的照片）。

 ＋

碎牛肉100克　葡萄籽油1/2大匙
　　　　　　　（或芥花籽油）

  ＋

砂糖1大匙　　　碎洋蔥1大匙

 ＋

釀造醬油2大匙　水5大匙

 ＋

蒜末1/2小匙　　麻油1小匙

＝

Dressing Tip

如果想要沒有肉的清淡醬汁，這道沙拉也可以搭配芝麻醬油醬（參考85頁），香香的醬汁非常適合搭配菇類。

鹿尾菜沙拉

鹿尾菜富含鈣質，是對成長期兒童非常有益的海藻。

利用富含各種礦物質的鹿尾菜加上厚實的蝦，製作一道能感受到海洋鮮甜滋味的沙拉。

做出適量的微辣醬汁，讓鹿尾菜和蝦子能浸泡其中，就能讓沙拉更美味。

⏱ 15～20分
🍴 2～3人份

☐ 鹿尾菜160克
☐ 蝦仁8隻
☐ 洋蔥1/4個(50克)
☐ 紅辣椒1個

☐ 蘿蔔嬰少許(可省略)
☐ 料理米酒2大匙
☐ 檸檬汁1大匙
☐ 釀造醬油2小匙

動手做醬料

＋檸檬醬油

將所有材料放進容器中均勻混合。

檸檬皮(剝下一層薄薄的黃檸檬皮，然後將其切碎)1/3個

＋

砂糖1大匙

＋

釀造醬油2大匙

＋

檸檬汁4小匙

＝

01

將洋蔥切絲、紅辣椒去籽後切碎。

02

將鹿尾菜用手或剪刀，整株剪成一口可吃下的長度，蝦仁則縱切成兩等份。

03

將鹿尾菜放入滾水(6杯)中，汆燙10～15秒後用冷水沖洗再瀝乾。加入料理米酒、檸檬汁、釀造醬油，放進冰箱內冰10分鐘。

04

把蝦仁放進鍋子裡，汆燙1分鐘之後放進冷水中沖洗，再將水瀝乾。

05

將鹿尾菜、蝦仁、洋蔥、紅辣椒裝盤，淋上醬汁後再放一點蘿蔔嬰裝飾。

🥗Salad Tip

適合這道沙拉的其他材料 馬尾藻或海帶等海藻類燙過之後，可用來代替鹿尾菜。因為海藻類的表皮很滑，醬汁不容易停留在上面，所以可先用料理米酒、檸檬汁、釀造醬油調味，放進冷藏室等入味會更好吃。如果能再燙一點麵條，那就是飽足感十足的一餐。

菠菜捲沙拉

如果通常都將菠菜涼拌或加入湯內食用，
那這次可以試試看做成沙拉。
這道沙拉可以攝取充分的菠菜，
倒上一點又香又爽口的醬汁，
就是一道能夠招待客人的高級料理。

⏲ 30～35分
🍴 2～3人份

☐ 菠菜12把(600克)
　（手抓一把的量請參考29頁）
☐ 紅辣椒1個
☐ 黑芝麻少許(或芝麻)

把所有材料放進攪拌器裡打
勻。

01

將菠菜的根部切除，只留下
葉子。用鹽水（水6杯＋鹽巴2
小匙）汆燙15秒，再用冷水沖
洗，之後把水完全擠乾。

02

將菠菜平鋪在壽司捲上呈5
公分寬，接著再慢慢將菠菜
捲起，用保鮮膜包起來放進
冰箱冷藏20分鐘。

蘋果1/4個（50克）
＋

03

紅辣椒去籽後切碎。

04

將菠菜捲切成2公分寬。

日式味噌3大匙
＋

料理米酒1大匙
＋

醋1大匙
＝

05

倒兩條長長的醬料在盤子中
間，再把菠菜放在醬料上面，
最後撒上碎紅辣椒和黑芝
麻。

🥗 Salad Tip
沒有壽司捲的話該怎麼辦？ 把燙過的菠菜做成可一口吃下的飯糰形
狀，再用保鮮膜包住放進冰箱冷藏，這樣裝盤時菠菜就會維持漂亮的形
狀不會散開。

chapter 3

減輕身體負擔的
減肥沙拉

如果你正在減肥，那比起以碳水化合物為主的菜單，更需要充滿蔬菜又飽足的一碗沙拉。此時最需注意的就是營養均衡，無論蔬菜對身體再怎麼好，如果持續只攝取蔬菜，就會造成體力下降、營養不足，反而危害到健康，也可能會因為吃膩而使減肥失敗。所以在準備正餐用的沙拉時，請搭配玄米、馬鈴薯、地瓜、甜南瓜、全麥麵包等富含纖維的碳水化合物食品，或是雞胸肉、魷魚、蝦子等低熱量高蛋白的食物作副餐。搭配含有豐富營養的起司、雞蛋、堅果類、熱量低的豆腐等，也都能夠補足缺少的味道和營養。如果不喜歡這些副餐搭配，那請大量搭配有飽足感的番茄或花椰菜、節瓜等較有份量的蔬菜。

雞蛋沙拉

這道沙拉搭配蛋白質含量豐富、被稱為完全食品的雞蛋，
材料本身的顏色十分豐富華麗，是很有品味的一道菜。
如果覺得油炸的馬鈴薯片對身體有負擔，那也可以省略不加。

⏱ 20～25分
👤 1人份

☐ 雞蛋2個
☐ 生菜30克
☐ 小番茄10個
☐ 地瓜少許(可省略)
☐ 食用油1/3杯(可省略)

+ 芥末醬

❶將洋蔥切碎。❷將橄欖油之外的材料都倒入容器中,拌勻後加入橄欖油再攪拌一次。

芥末籽2小匙
(或芥末)

+

碎洋蔥1大匙

+

砂糖4小匙

+

鹽巴2小匙

+

醋4大匙

+

橄欖油1大匙

=

01

將雞蛋放進湯鍋中,倒入可完全蓋過雞蛋的水量,用大火煮。等到開始沸騰後將火關掉,蓋上蓋子悶12分鐘。

02

用冷水將生菜洗乾淨,撕成一口大小之後裝在濾網裡將水瀝乾。

03

將小番茄切半。用削皮器將地瓜削成薄片。

04

把步驟①的雞蛋浸泡在冷水中,等到冷卻之後把蛋殼剝掉,將蛋切成4等分。

05

平底鍋預熱後倒入食用油,再把地瓜放上去,用小火煎烤10秒鐘。把生菜、雞蛋、小番茄裝盤,淋上醬汁後再放上地瓜片。
★煎地瓜時要使平底鍋傾斜,讓油集中在一個地方後再開始煎,這樣才能夠減少油量。

🥗Salad Tip

將雞蛋完全煮熟的方法　煮雞蛋時,要先放在室溫下20～30分鐘再煮才不容易破。在鍋中倒入可蓋過雞蛋的水量,加入一點鹽巴、醋後用大火煮,煮到沸騰時再關火並蓋上鍋蓋,悶6～8分鐘是半熟,12～15分則是全熟。

蘆筍水煮蛋沙拉

這是會令人聯想到紐約早午餐的特別沙拉。
這道沙拉最適合在與朋友的早午餐聚會中享用，
水煮蛋的蛋黃爆開後，沾蘆筍和卡門貝爾起司一起吃，美味十足。

⏱ 15～20分
🍽 2～3人份

- ☐ 蘆筍10根
- ☐ 雞蛋2個
- ☐ 卡門貝爾起司1/2個
  （或布列起司，50克）
- ☐ 嫩生菜葉1把(20克)（手抓一把的量請參考29頁）
- ☐ 醋2小匙

01

將蘆筍放進沸騰的鹽水（水6杯＋鹽巴2小匙）中氽燙30秒，撈出來冷卻並將水瀝乾。

02

把雞蛋打在量杯中，放在滾水裡隔水加熱2分～2分30秒。此時的火候要控制在讓水維持著冒著小顆氣泡的微沸騰狀態。

03

用冷水將嫩生菜葉洗淨瀝乾。

04

把卡門貝爾起司切成一口大小。

05

將蘆筍和嫩生菜葉裝盤，再佐以水煮蛋和卡門貝爾起司，最後淋上醬汁。

動手做醬料

+ 洋蔥芥末醬

❶將洋蔥切碎。❷將橄欖油以外的材料倒入容器中拌勻，然後倒入橄欖油再拌一次。

芥末1大匙
＋

砂糖2小匙
＋

鹽巴1/2小匙
＋

碎洋蔥2小匙
＋

醋1大匙
＋

橄欖油1大匙
＝

🥗 Salad Tip

水煮蛋不失敗的三個訣竅 第一，火要控制在讓水冒著小氣泡的微沸騰狀態，而不是大滾的狀態。第二，量杯裡要先抹點食用油再打蛋，這樣才比較容易將蛋倒出來。第三，如果在滾水中加入一兩滴醋，蛋白質就會更快凝固，也能做出更好看的水煮蛋。

托斯卡尼麵包沙拉

這是義大利的代表沙拉,將烤麵包、洋蔥、番茄、羅勒,
搭配橄欖油和醋製成的沙拉。把發軟的或太硬的乾麵包烤一烤
配沙拉,滲入其中的醬料會讓麵包更美味。

⏱ 20～25分　　□ 小法國麵包6片　　□ 蒜末1小匙
👤 1人份　　　□ 黃瓜1/2個(100克)　□ 鹽巴少許
　　　　　　　□ 番茄1個(小的，135克)　□ 橄欖油1大匙
　　　　　　　□ 紅洋蔥1/5個　　　□ 羅勒葉少許(可省略)
　　　　　　　　(或洋蔥，30克)　　★材料説明參考17頁

＋紅酒醋蒜醬

❶將洋蔥切碎。❷將橄欖油之外的材料倒入容器中，拌勻後倒入橄欖油再拌一次。

01

以200℃(迷你烤箱為190℃)預熱烤箱。將蒜末、鹽巴、橄欖油倒入容器中，混合之後抹在法國麵包的其中一面上。

02

把法國麵包放到烤盤上，放進預熱好的烤箱中層烤8分鐘。

03

將黃瓜切成如圖般一口大小。

04

將番茄切成容易入口的6～8等分，紅洋蔥切0.5公分厚條狀。

05

將番茄、紅洋蔥、黃瓜、法國麵包裝盤，淋上醬料之後再搭配羅勒葉裝飾即可。

砂糖2大匙

＋

碎洋蔥1大匙

＋

碎香芹1大匙(可省略)

＋

鹽巴1/2小匙

＋

蒜末1小匙

＋

紅酒醋3大匙(或醋)

＋

橄欖油3大匙

＝

🍓Salad Tip

以平底鍋代替烤箱烤法國麵包？　只要把蒜末、鹽巴、橄欖油混合抹在法國麵包上之後(與步驟①一樣的動作)，放在燒熱的平底鍋上面，以小火翻烤3～5分鐘，烤到正反兩面皆呈現金黃色為止。

烤南瓜沙拉

蒸、煮湯或粥來吃都很合適,炸起來
又令人垂涎三尺的南瓜,這次試著烤
來配沙拉吧!甜甜的南瓜非常適合楓
糖漿醬汁,這道沙拉使用的芝麻菜,
是有著柔和香味的義大利食材,可用
來代替嫩生菜葉。

⏱ 30～35分
🍽 1人份

☐ 南瓜約1/4個(200克)
☐ 芝麻菜25克(或嫩生菜葉1把)★材料説明參考17頁
☐ 松子一大匙(或碎核桃,10克)

☐ 李子乾3個(或葡萄乾)
☐ 鹽巴少許
☐ 胡椒粉少許
☐ 食用油1大匙

＋楓糖醬

❶將洋蔥切碎。❷將葡萄籽油之外的材料倒入容器中,拌勻後加入葡萄籽油再拌一次。

碎洋蔥1大匙

＋

楓糖漿1/2大匙(或蜂蜜)

＋

鹽巴1/2小匙

＋

蒜末1/2小匙

＋

檸檬汁1大匙

＋

葡萄籽油1大匙(或芥花籽油)

＝

01

將南瓜籽挖掉,切成如圖所示的片狀後再將皮削除。以220℃(迷你烤箱210℃)預熱烤箱。

02

在烤盤上鋪烤盤紙,放上南瓜之後撒鹽巴、胡椒並淋上食用油,放在烤箱中層烤20～25分鐘。

03

用冷水將芝麻菜洗乾淨,撕成一口可大小後把水瀝乾。

04

將李子乾切丁,再把松子倒到熱好的平底鍋上,開中火用勺子翻炒2～3分鐘。

05

將南瓜、芝麻菜、李子乾、松子裝盤再淋上醬汁即可。

🍓Salad Tip

沒有南瓜時的替代方法? 可用煮熟後口感軟爛、滋味香甜的甜菜根、紅蘿蔔、地瓜等食材替代。此時要切成適合食用的大小用烤箱烤,或放在平底鍋裡蓋上蓋子,以小火悶煮後再拿來搭配。

辣玄米飯沙拉

這是一道辣椒香十足的飯沙拉。使用富含膳食纖維的玄米，不僅對減肥十分有益，咀嚼起來也十分有嚼勁。加了香腸兼顧蛋白質攝取，也可以用烤豆腐代替。如果放進西班牙蛋餅中捲來吃，就是一道美味的捲餅了。

⏱ 20～25分
🍴 1人份

☐ 玄米飯1/2碗(100克)
☐ 紅甜椒1/3個(60克)
☐ 四季豆10根
　　(或蘆筍，55克)
☐ 香腸2條(70克)
☐ 食用油2大匙
☐ 鹽巴少許
☐ 胡椒粉少許
☐ 香菜少許(可省略)
　★材料說明參考17頁

01

製作醬汁。將橄欖油塗抹在燒熱的平底鍋上，倒入碎洋蔥、辣椒粉、蒜末、鹽巴、胡椒粉，以中小火翻炒3分鐘直到產生香味。關火等冷卻後，再把剩下的材料放進去一起拌勻。

02

將四季豆切半、紅甜椒切成跟四季豆差不多寬的絲狀，香腸則切成0.6公分厚片。

03

將軟硬適中的玄米飯鋪在盤子裡，放進冷藏室冷卻。

04

在燒熱的平底鍋倒入食用油，放入四季豆、甜椒、香腸、鹽巴、胡椒粉，以中火翻炒2分鐘。

05

把步驟③的玄米飯、步驟④炒好的四季豆、甜椒、香腸放進容器中，跟醬料一起攪拌，最後再裝到碗裡放上香菜。

🍓Salad Tip

沒有四季豆時的替代方法？　四季豆是長條豆的一種，可在大型超市、百貨公司、大型農水產市場買到，如果沒有新鮮的四季豆，也可以用罐頭或冷凍四季豆，或是用蘆筍、花椰菜替代。

+Chili醬

❶將橄欖油塗抹在燒熱的平底鍋上，再倒入碎洋蔥、辣椒粉、蒜末、鹽巴、胡椒粉，以中小火翻炒3分鐘直至產生香味（步驟①的照片）。❷把火關掉放涼之後，再倒入砂糖、橄欖油攪拌均勻。

　＋　

橄欖油1大匙　　　　碎洋蔥2大匙
（炒料用）　　　　　（30克）

　＋　

辣椒粉2小匙　　　　蒜末1小匙
（或細辣椒粉）
★材料說明參考18頁

　＋　

鹽巴1/3小匙　　　　胡椒粉少許

　＋　

砂糖2小匙　　　　　醋1大匙

　＝　

橄欖油1大匙

通心粉鮪魚沙拉

通心粉主要都拌美乃滋來吃，但為了降低熱量，這裡搭配小番茄和橄欖油醬做成沙拉，
加上富含蛋白質的鮪魚，讓人非常有飽足感。

⏰ 15～20分
🍴 1人份

☐ 通心粉3/4杯(或斜管麵、
　螺絲麵，80克)
☐ 鮪魚1/2罐(50克)
☐ 四季豆7～8個(40克)

☐ 小番茄8個
☐ 洋蔥1/10個(20克)
☐ 胡椒粉少許
☐ 橄欖油少許(可省略)

＋番茄橄欖油醬

將橄欖油之外的材料放進攪
拌器中，材料全部拌勻之後倒
入橄欖油再打一次。

01

將通心粉放入滾水(水6杯＋
鹽巴2大匙)中，沸騰後繼續
煮5分鐘，再把麵撈出來放涼
備用。

02

將四季豆和小番茄切半，洋
蔥切丁。

03

把四季豆放進滾水(水6杯＋
鹽巴2小匙)裡，汆燙1分鐘之
後放進冷水中沖洗，再撈出
將水瀝乾。

04

把鮪魚倒在濾網上把油瀝
掉。

05
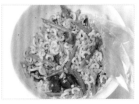
將通心粉、鮪魚、四季豆、小
番茄、洋蔥、胡椒粉倒入容器
中，淋上醬汁攪拌均勻後再
分裝到盤子裡。可隨喜好決
定橄欖油的份量。

小番茄7個
＋

砂糖2大匙
＋

碎洋蔥1大匙
＋

檸檬汁4大匙
＋

鹽巴2小匙
＋

蒜末1小匙
＋

橄欖油1大匙
＝

綠花椰菜沙拉

用維他命C含量是檸檬兩倍的花椰菜，和含有不飽和脂肪酸的杏仁，
再加上可以補充蛋白質的火腿製成這道沙拉。
花椰菜富含纖維，是最好的減肥食材。

⏱ 15～20分
👤 1人份

☐ 綠花椰菜1/2個(100克)
☐ 紅蘿蔔1/5個(40克)
☐ 洋蔥1/4個(50克)
☐ 火腿40克

☐ 杏仁20顆
　（或花生、腰果等堅果類）
☐ 蔓越莓乾1大匙
　（或葡萄乾15克）

＋梅汁醬

❶將洋蔥切碎。❷將葡萄籽油之外的材料倒進容器中均勻攪拌，接著倒入葡萄籽油後再攪拌一次。

01 將花椰菜切成可一口吃下的大小，洋蔥切絲，紅蘿蔔切成4公分長的絲。

02 將花椰菜用滾水（水6杯＋鹽巴2小匙）汆燙15～20秒，然後放進冷水中沖洗，再將水瀝乾。

03 將火腿切成四邊寬1.5公分的塊狀，然後放在濾網裡用熱水浸泡汆燙。杏仁則切成兩等分。

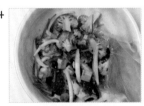

04 將花椰菜、紅蘿蔔、洋蔥、火腿、杏仁、蔓越莓乾放進容器中，與醬汁均勻攪拌混合，靜置5分鐘之後再重新攪拌一次即可。

砂糖1/2大匙
＋

碎洋蔥1大匙
＋

梅汁濃縮液4大匙（或柚子汁）
＋

鹽巴1/2小匙
＋

蒜末1/2小匙
＋

醋1大匙
＋

葡萄籽油1大匙
（或芥花籽油）
＝

🥗Salad Tip
讓使用清脆蔬菜的沙拉更好吃的方法　花椰菜或紅蘿蔔都是口感很脆的蔬菜，所以跟醬汁攪拌混合後不能立刻吃，要先放個五分鐘再吃，這樣會比較入味、比較好吃。

113

義大利麵沙拉

這是搭配滿滿燒烤蔬菜的義大利麵沙拉。
可以趁熱吃，就算涼了之後再吃也很美味。

⏱ 25～30分
🍽 1人份

☐ 斜管麵1杯(或螺絲麵、通心粉,50克)
☐ 茄子1/2個(70克)
☐ 節瓜1/3個(100克)
☐ 花椰菜5個(可省略)
☐ 帕馬森乾酪少許(或帕馬森起司粉)
　★材料說明參考19頁

☐ 鹽巴少許
☐ 胡椒粉少許
☐ 橄欖油2大匙
☐ 羅勒少許(可省略)
　★材料說明參考17頁

＋番茄醬

❶將小番茄切半、蒜頭斜切,香芹切碎。❷倒一大匙橄欖油到燒熱的平底鍋上,再放入鹽巴、胡椒粉、小番茄和蒜頭翻炒。❸等到小番茄變軟,就用勺子按壓把汁擠出來(步驟①的照片)。❹把檸檬汁、寡糖、碎香芹加入平底鍋,均勻混合攪拌。

01

製作醬料。將小番茄切半、蒜頭斜切。倒一大匙橄欖油到燒熱的平底鍋上,放入鹽巴、胡椒粉、小番茄、蒜頭翻炒。等到小番茄變軟後,用勺子把汁液壓出來。最後放入剩下的材料,醬料就完成了。

02

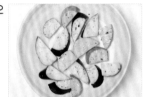

將茄子和節瓜切成0.7公分厚片,然後撒上鹽巴、胡椒粉、橄欖油。黑橄欖切成3～4等分。

03

斜管麵用滾水(水6杯＋鹽巴1/2小匙)燙10分鐘,撈起瀝乾。

04

把茄子和節瓜放到燒熱的烤鍋(或平底鍋)上,以大火前後各烤40秒,烤到正反兩面皆出現烤盤的痕跡為止。

05

把斜管麵、茄子、節瓜放到步驟①的平底鍋裡,攪拌均勻之後裝盤,再撒上帕馬森乾酪和羅勒葉即可。

 ＋
小番茄15個　　　蒜頭1個

 ＋
橄欖油1大匙　　　鹽巴1小匙

 ＋
胡椒粉少許　　　檸檬汁1大匙

 ＋
寡糖2大匙　　　碎香芹1大匙
　　　　　　　　(可省略)

＝

🍓 Salad Tip

用沙拉做出飽足的一頓正餐　這道沙拉適合搭配蝦肉或雞胸肉。在炒醬料用的小番茄時一起放進去炒就可以了,不過要事先放一點清酒、鹽巴、胡椒粉做調味再炒,這樣才會好吃。

納豆山藥沙拉

被選為健康食品的納豆和山藥相遇了。
加了黃芥末的醬汁，
能夠蓋過納豆特殊的味道，
讓不太敢吃納豆的人也能享受這道料理。

嫩豆腐沙拉

清爽的味道非常美味，
是道每天吃也不會膩的沙拉。
製作方法很簡單，營養價值又很高，
可以當作早餐。

⏱ 10～15分
🍴 1人份

☐ 山藥寬3公分、長14公分
　 （200克）
☐ 納豆1盒（50克）
☐ 韭菜1把（40克）（手抓一把
　 的量請參考29頁）
☐ 梅干2個（或檸檬15克）
　 ★材料說明參考18頁

[製作納豆山藥沙拉]

01 用削皮器將山藥皮削除，並切成1公分×6公分長。韭
　 菜切成6公分長，梅干去籽後切碎。

02 用筷子將納豆充分攪拌，讓納豆產生足夠的黏液。

03 把山藥、納豆、酒菜、梅干放進深碗中，再淋上醬汁即
　 可。

🍓 Salad Tip

陌生的材料，梅干 這是日本的醃漬梅，在百貨公司或大
型超市進口食品區就可以買到。沒有梅干的時候，可以用
檸檬果肉切碎代替。

動手
做醬料

+ 黃芥末檸檬醬

❶將洋蔥切碎。❷除了葡萄籽油之外的材料皆
放入容器中均勻攪拌混合，接著放入葡萄籽油
再攪拌一次。

 +

碎洋蔥1/2大匙　　　砂糖2小匙

  +

釀造醬油2大匙　　　黃芥末1小匙

 + =

檸檬汁2大匙　　　葡萄籽油1大匙
　　　　　　　　（或芥花籽油）

⏱ 10～15分
🍴 1人份

☐ 嫩豆腐1盒（170克）
☐ 萵苣4～5片（40克）
☐ 黃瓜1/3個（70克）
☐ 蘿蔔嬰少許（可省略）
☐ 柴魚片1/3杯（2克，可省略）

[製作嫩豆腐沙拉]

01 用冷水把萵苣洗乾淨，切成四邊皆為4公分的大小
　 之後將水瀝乾。將黃瓜皮削除，再切成6公分長的絲
　 狀。

02 把豆腐裝盤，上面均勻擺上萵苣和黃瓜，淋上醬料，
　 再用蘿蔔嬰與柴魚片裝飾即可。

動手
做醬料

+ 日式味噌醬

❶將洋蔥切碎。❷將葡萄籽油之外的材料都
放進容器中，均勻混合之後再放入葡萄籽油攪
拌。

  +

碎洋蔥1大匙　　　砂糖1/2大匙

 +

柳丁汁3大匙　　　日式味噌1又1/2大匙

  =

葡萄籽油1/2大匙
（或芥花籽油）

東南亞風蝦肉沙拉

這道沙拉搭配了鹹鹹的魚露醬，能讓胃口大開。
加了大把芹菜和小黃瓜，爽脆的口感讓沙拉更美味。
搭配煮過的米粉，就成了豐盛的一餐。

20～25分
1人份

□ 中型蝦8隻
□ 小黃瓜1/2個(100克)
□ 紅辣椒1個
□ 芹菜25公分×2根(80克)
□ 紅洋蔥1/5個
　(或洋蔥30克)

□ 腰果2大匙
　(或花生、杏仁15克)
□ 胡椒粉少許
□ 食用油1大匙

動手
做醬料

01

將蝦子頭和殼剝掉，只留下
尾巴。
★蝦子處理方法參考29頁

02

將芹菜葉摘掉，用刨絲器將
纖維刨掉之後，跟小黃瓜一
起斜切成0.4公分厚片。辣椒
一樣斜切開。

03

將紅洋蔥切絲，腰果隨意切
塊。

04

在燒熱的平底鍋倒入食用
油，把蝦子放上去撒上胡椒
粉，以中火正反各煎1分鐘。

05

把蔬菜和蝦子裝盤，再搭配
醬汁即可。

+ 魚露醬

❶將芹菜和洋蔥切碎。
❷把葡萄籽油以外的材料都
倒入容器中，均勻混合之後，
倒入葡萄籽油再攪拌一次。

碎芹菜1大匙
＋

碎洋蔥1大匙
＋

魚露2大匙
★材料說明18頁
＋

黑砂糖2大匙（或砂糖）
＋

蒜末1小匙
＋

檸檬汁3大匙
＋

葡萄籽油2大匙
（或芥花籽油）
＝

🥗Salad Tip

沒有蝦子或覺得處理很麻煩的話？ 可以用有嚼勁又清淡爽口的魷魚、
章魚、短蛸等燙過之後替代。如果覺得蝦子處理起來很麻煩，可以買市
售用來做冷盤最大尾的蝦子，泡冷水解凍後使用，或直接拿干貝肉來代
替。

119

墨西哥薄餅佐
莎莎醬與酪梨醬

如果對蔬菜有點膩了，可以用莎莎醬和酪梨醬代替正餐。
酪梨不僅含有維他命，還有人體需要的脂肪酸，對皮膚非常好，
也適合在深夜當下酒菜唷！

⏱20～25分
🍽1人份

□ 墨西哥薄餅2～3張
莎莎醬
□ 小番茄10個
　（其他材料如右頁）
酪梨醬
□ 酪梨1個
□ 洋蔥1/10個(20克)

□ 紅甜椒1/4個(50克)
□ 檸檬汁1大匙
□ Tabasco醬1/2大匙
　（或辣椒醬）
□ 鹽巴1/2小匙
□ 胡椒粉少許

＋莎莎醬

❶ 將洋蔥和香菜切碎。
❷ 把所有材料倒入容器中均勻攪拌混合，再加入小番茄拌勻後放入冷藏室冷藏。

碎洋蔥3大匙

＋

碎香菜1大匙
★材料説明參考17頁

＋

鹽巴1/2小匙

＋

蒜末1/2小匙

＋

胡椒粉少許

＋

檸檬汁1/2大匙

＋

葡萄籽油2小匙

＝

01

將小番茄和醬汁用的洋蔥、香菜切碎。

02

把步驟①的材料裝到容器中，將右頁其他材料放入後均勻攪拌混合，接著放入冷藏室。

03

將酪梨醬使用的洋蔥、甜椒切碎。

04

酪梨剝皮後將籽挖掉，把果肉裝在容器裡面。倒入檸檬汁後用叉子或湯匙將果肉壓碎。
★處理酪梨的方法參考29頁

05

把洋蔥和紅甜椒、Tabasco醬、鹽巴、胡椒粉倒入步驟④的容器中，均勻攪拌混合。

06

把薄餅放到燒熱的平底鍋上，以中火正反各烤30秒，然後再切成6等分，即可搭配莎莎醬或酪梨醬享用。

🥗Salad Tip

正確選擇、處理酪梨的方法　選擇酪梨時，要選表面光滑的，拿起來很沉重或是壓起來過硬的都不太好。處理的時候要先縱向切一刀，深深切到裡面的籽，然後再轉動刀子把籽挖出來、把皮剝掉。酪梨的皮剝掉之後馬上就會褐變，所以要撒一點檸檬汁再使用。

墨西哥薄餅起司沙拉

將墨西哥薄餅和起司一起拿去烤過之後，再搭配沙拉生菜。蔬菜只要用手撕碎之後放在蛋餅上面吃就可以了。這是香噴噴薄餅與烤過的蔬菜、微辣的青醬完美結合的一道料理。

🕐 20～25分
👤 1人份

☐ 墨西哥薄餅2張
☐ 帕馬森乾酪15克(或帕馬森起司粉)
　★材料説明參考19頁
☐ 嫩生菜葉1把(20克)(手抓一把的量請參考29頁)

☐ 蒜頭3顆
☐ 茄子1/2個(70克)
☐ 小番茄8個
☐ 鹽巴1/2小匙
☐ 食用油2大匙

★材料説明參考19頁

01

用220℃預熱烤箱(迷你烤箱210℃)。將薄餅放到烤盤上,撒上起司之後放入烤箱上層烤10分鐘。

02

嫩生菜葉用冷水洗淨後將水瀝乾。

03

蒜頭切成0.3公分寬,茄子切成四邊皆1.5公分寬的塊狀。

04
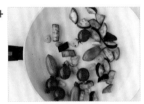

在燒熱的平底鍋中倒入油,放入蒜頭、茄子、小番茄、鹽巴,並以中火翻炒2分鐘。

05

把炒過的蔬菜和嫩生菜葉拿去搭配薄餅,再淋上醬汁即可。

🥗Salad Tip

想降低熱量的話?　如果擔心熱量,可以省略撒在薄餅上面的起司,或是用富含膳食纖維的雜糧麵包代替薄餅。也可以把蔬菜切得更碎一點,跟醬汁拌在一起放在餅乾上面,做成類似卡納佩(在餅乾上放配料的料理)來享用。

動手做醬料

+微辣青醬

把所有材料放入攪拌器中拌勻。

羅勒葉10片
★材料説明參考17頁

+

松子2大匙(15克)

+

帕馬森乾酪2大匙
(或帕馬森起司粉)
★材料説明參考19頁

+

碎紅椒1/2小匙
(或粗的辣椒粉)
★材料説明參考19頁

+

鹽巴1/3小匙

+

蒜末1小匙

+

橄欖油4大匙

||

無花果雞肉沙拉

很有嚼勁的無花果，加了紅酒燉煮之後，
變成又甜又香的醬汁。
這醬汁再搭配絕妙的雞胸肉，
就是一道能降低熱量又營養均衡的沙拉。

⏱ 20～25分
🥕 1人份

☐ 雞胸肉1塊(100克)
☐ 蘿蔓3～4片(60克)
☐ 紅洋蔥1/5個
　（或洋蔥，30克）
☐ 乾迷迭香少許
　（或乾香芹，可省略）

☐ 鹽巴少許
☐ 胡椒粉少許
☐ 食用油1大匙

+紅酒無花果醬

❶將無花果乾的蒂摘除並切半，然後跟紅酒、砂糖一起放到湯鍋裡，以中火燉煮15分鐘（步驟①的照片）。❷等紅酒煮到剩1/2的時候就把火關掉，然後把其他材料放進去攪拌混合。

01

製作醬料。將無花果乾的蒂拔掉後切半，跟紅酒、砂糖一起倒入湯鍋裡，以中火燉煮15分鐘。等到紅酒煮到剩1/2的時候就把火關掉，並把剩下的材料放進去攪拌混合。

02

用冷水洗淨蘿蔓葉，將水瀝乾之後切成4公分寬。紅洋蔥切絲。

03

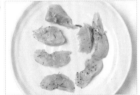

將雞胸肉切成每塊1公分厚，撒上乾迷迭香、鹽巴、胡椒粉調味。

04

在燒熱的烤盤（或平底鍋）上抹油，把雞胸肉放上去之後，以中火各翻烤3分鐘。

05

先將蘿蔓葉和紅洋蔥裝盤，再放上雞胸肉，最後搭配醬汁即可。

無花果乾10個

＋

紅酒1杯

＋

砂糖4小匙

＋

鹽巴1/2小匙

＋

芥末籽1小匙
（或黃芥末）

＋

檸檬汁2大匙

＋

橄欖油1大匙

＝

🥗Salad Tip

去除雞肉腥味的方法　雞胸肉冷掉之後會有點味道，如果對這種味道很敏感，可以在幫雞胸肉調味之前，先浸泡在牛奶裡30分～1小時，就能將大部分的腥味去除。

肉丸沙拉

肉丸主要是搭配番茄義大利麵或濃郁的醬料，現在就試著改用蔬菜搭配做成沙拉吧！
辣到刺鼻的芥末烤肉醬，能讓油膩的肉丸更爽口一點。

⏰ 20～25分
🍽 1人份

□ 碎牛肉100克
□ 培根2片(25克)
□ 萵苣7～8片(70克)
□ 菊苣6～7片(20克)
□ 黃甜椒1/4個(50克)
□ 蔓越莓乾1大匙
　(或葡萄乾,可省略)

□ 乾奧勒岡葉1/2小匙
　(或乾香芹,可省略)
□ 鹽巴少許
□ 胡椒少許
□ 食用油1大匙

+芥末烤肉醬

❶將洋蔥切碎。❷將葡萄籽油之外的材料倒入容器中,均勻攪拌混合後倒入葡萄籽油再混合一次。

 +

碎洋蔥1大匙　　釀造醬油1大匙

 +

料理米酒1/2大匙　芥末籽1/2大匙
　　　　　　　　(或黃芥末醬)

 +

砂糖2小匙　　　碎蔥1/2小匙

 +

蒜末1/2小匙　　醋1大匙

 =

葡萄籽油1大匙
(或芥花籽油)

01

用冷水將萵苣和菊苣洗乾淨,撕成方便入口的大小後將水瀝乾。甜椒則切成0.7公分寬條狀。

02
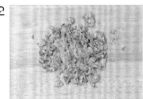
將培根切碎。

03

用廚房紙巾把碎牛肉包起來,用力緊壓以去除血水。接著放進容器裡,倒入培根、乾奧勒岡葉、鹽巴和胡椒粉拌勻。

04

搓成可一口吃下的圓形肉丸6顆。

05
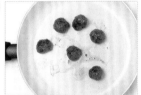
在燒熱的平底鍋上抹食用油,把肉丸放上去,以中小火烤5分鐘。

06

把萵苣、菊苣、黃甜椒裝盤,撒上一些蔓越莓乾,最後放上肉丸,再淋上醬汁即可。

🥗Salad Tip

想降低熱量的話? 如果覺得肉丸的熱量很有負擔,可改搭配雞胸肉或是豆腐。雞胸肉可以用罐頭雞肉,如果是生的只要燙熟後撕成適合的大小即可。燙生雞胸肉的時候,水裡一開始就要加入大蔥、蒜頭、生薑等香料,這樣才能去除雞胸肉的腥味。

越南鳳梨蝦春捲

把沙拉放到越南春捲皮裡捲起來就是一道輕食，
也是可以當作點心的料理。
如果喜歡辣的話，
可以在醬汁裡多加點青辣椒。

香蕉杏仁裸麥麵包

奶油乳酪和香蕉、肉桂的結合，光用想的就令人振奮對吧？
沒有胃口的時候，就做這簡單的料理來吃。沒有奶油乳酪也可以改搭花生醬。

⏰ 15～20分
🍽 1人份

□ 越南春捲皮4張
□ 生蝦仁8隻
□ 鳳梨片1/2個(50克)
□ 橘甜椒1/4個(50克)
□ 洋蔥1/10個(20克)
□ 蘿蔔嬰少許(可省略)
□ 香菜少許(可省略)
　★材料說明參考17頁

[製作越南鳳梨蝦春捲]

01 將蝦仁用滾水(水6杯+鹽巴2小匙)氽燙1分鐘之後,浸泡在冷水裡使其冷卻,再用廚房紙巾將水分擦乾,並橫切成兩等分。

02 將鳳梨切成8公分長、跟小指頭一樣厚的片狀,甜椒跟洋蔥則切絲。

03 把春捲皮泡在溫水裡,然後鋪平在盤子上,將蝦仁、鳳梨、甜椒、洋蔥、蘿蔔嬰、香菜等依序擺上去,捲起來再沾醬吃即可。

動手做醬料

+鳳梨甜麵醬

❶將鳳梨切碎。❷把所有材料倒入容器中均勻攪拌。

鳳梨片1/2個
(50克)

+

甜麵醬1大匙
(或魚露1/2大匙+
砂糖1/2大匙)
★材料說明參考19頁

花生醬1/2大匙

+

鹽巴1/4小匙

=

⏰ 10～15分
🍽 1人份

□ 香蕉1根
□ 奶油乳酪4大匙
□ 全麥吐司2片(或全麥麵包)
□ 杏仁片2大匙

[製作香蕉杏仁裸麥麵包]

01 以220℃(迷你烤箱210℃)預熱烤箱,並將全麥吐司切成四等分、香蕉斜切成0.7公分厚片。

02 把麵包放到烤盤上,放進烤箱上層烤8～10分鐘,將麵包烤到口感酥脆。

03 在麵包的其中一面抹上奶油乳酪,放上香蕉和杏仁片之後,再淋上糖漿即可。

動手做醬料

+肉桂楓糖漿

將楓糖漿和肉桂粉倒入容器裡,均勻混合到沒有任何結塊。

楓糖漿1大匙(或蜂蜜)

+

肉桂粉(桂皮粉)1小匙

=

花蛤麵沙拉

辣辣的拌麵裡加入大把蔬菜、有嚼勁的花蛤和芝麻葉，
變成一道可口的沙拉。
如果想讓熱量更低一些，
只要減少麵條的分量，
增加蔬菜的量即可。

⏱ 25～30分
🍴 1人份

☐ 花蛤2個
　（或罐頭螺肉3～4個）
☐ 麵條1把(70克)(手抓一把
　的量請參考29頁)

☐ 芝麻葉4片
☐ 小黃瓜1/4個(50克)
☐ 洋蔥1/10個(20克)

01

在湯鍋中倒入可完全浸泡花蛤的水量，並把花蛤放進去煮，煮5～7分鐘直到殼開為止。

02

將芝麻葉捲起來切絲。

03

將黃瓜切成5公分長絲，洋蔥則順著形狀剝成薄片。

04

燙過的花蛤冷卻之後，將肉挖出來，切成0.5公分厚塊。

05

將麵條放入滾水（水6杯＋鹽巴1小匙）中，用大火煮2分鐘。每當水沸騰，就倒入1/2杯的冷水繼續煮。最後撈起來在冷水裡過水2～3次，再瀝乾。

06

把麵捲成一團放進碗中，上面放花蛤肉和蔬菜，最後再淋上醬汁即可。

動手做醬料

＋韓式辣椒淋醬

❶將洋蔥切碎。❷將葡萄籽油以外的材料倒入容器中均勻攪拌，接著倒入葡萄籽油後再攪拌一次。

 ＋

砂糖1大匙　　　　碎洋蔥1大匙

 ＋

料理米酒1大匙　　辣椒粉2小匙

 ＋

蒜末1小匙　　　　辣根（綠芥末）
　　　　　　　　　1/2小匙

 ＋

辣椒醬2大匙　　　醋1大匙

 ＝

葡萄籽油2大匙
（或芥花籽油）

🥗Salad Tip

沒有花蛤時的替代方法？　花蛤的肉質很有嚼勁，是很甜的貝類。如果改用燙過的文蛤或泥蚶替代的話也不錯，或是可用罐頭螺肉搭配。

蕎麥沙拉

到了炎熱的夏天，就會想起清爽的蕎麥麵。
比起只吃麵條，如能搭配其他蔬菜做成沙拉來吃，
就會更健康也能降低更多熱量，對減肥很有幫助。
今年夏天，就用一碗清淡的蕎麥沙拉解決一餐吧！

⏰ 15～20分
🥄 1人份

□ 蕎麥麵1把(70克)(手抓一 把的量請參考29頁)
□ 生蝦仁8隻
□ 紫高麗菜2～3張(70克)
□ 蔥1根(可省略)
□ 金針菇少許(可省略)

動手
做醬料

01

將紫高麗菜切絲。

02
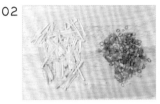
將金針菇的根部切掉,並切成2公分長,蔥則切成蔥花。

03

將蝦仁放入滾水(水5杯+鹽巴1小匙)裡汆燙1分鐘,撈起放入冷水中沖洗後瀝乾。

04

把蕎麥麵放進滾水(水6杯+鹽巴1小匙)中煮,沸騰時就倒入1/2杯冷水,煮約3～4分鐘再撈起來。在冷水中稍微攪拌2～3次,再將水瀝乾。

05

把材料裝盤,再淋上醬料攪拌即可。

+ 白芝麻醬

將麻油以外的材料放入攪拌器中拌勻,最後放入麻油再拌一次。

芝麻1大匙
+

砂糖1又1/2大匙
+

料理米酒1大匙
+

釀造醬油3大匙
+

碎洋蔥2小匙
+

檸檬汁4小匙
+

麻油1大匙
＝

🌸 Salad Tip

對減肥有益的蕎麥麵 蕎麥麵的熱量比其他麵類低,蛋白質含量也比較多,所以如果搭配很多蔬菜一起吃,就能夠兼顧營養均衡,有助於減肥。

133

蒟蒻沙拉

請試著把因為熱量很低而大受喜愛的蒟蒻做成沙拉享用吧！
搭配有膳食纖維的昆布以及口感絕佳的櫻桃蘿蔔，
再用家中剩下的醬菜和湯做成開胃的醬汁，這樣就是一道簡單的料理了。

⏱ 15～20分
👤 1人份

☐ 蒟蒻絲150克
☐ 昆布4×7公分
☐ 櫻桃蘿蔔1個
☐ 嫩生菜葉1/2把(10克)
　（手抓一把的量請參考29頁）

＋醬菜醬

❶ 將辣椒醬菜、洋蔥切碎。
❷ 將麻油之外的材料倒入容器中，均勻攪拌後倒入麻油再攪拌一次。

01
蒟蒻絲放入滾水（6杯）中燙30秒，再放進冷水中沖洗瀝乾。將昆布放入水中燙5分鐘。

02
用廚房紙巾把燙過的昆布上的水擦乾，再將昆布切絲，櫻桃蘿蔔也切絲。

碎辣椒醬菜1大匙

＋

碎洋蔥2小匙

＋

醬菜湯汁4大匙
（或其他醬菜的湯汁）

＋

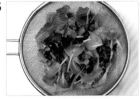

03
嫩生菜葉用冷水洗淨後瀝乾。

04
把蒟蒻絲和昆布裝盤，淋上醬汁後再放一些嫩生菜葉即可。

砂糖1/2大匙

＋

釀造醬油1大匙

＋

麻油1小匙

＝

🍓Salad Tip

減肥代表食物，蒟蒻　蒟蒻是利用魔芋在土裡的莖所製成的食品，是100克熱量不滿10卡的減肥食品。通常吃法就像涼粉一樣，若要做成麵條來吃，用蒟蒻絲會比較方便。很適合搭配日式醬油。

chapter 4

低熱量、低卡路里的

下酒菜沙拉

下酒菜通常都是炸物、熱炒、煎餅等用很多油料
理的食物，熱量非常高，不僅會發胖對健康也會
有害。用油料理的食物、肉類或海鮮等以蛋白質
為主的食物，只要搭配足夠的蔬菜做成沙拉，就
算是深夜吃也不會有負擔，第二天肚子也不會很
不舒服或是身體浮腫。製作下酒沙拉時，除了蔬
菜之外還要搭配幾種副食材，讓碗裡面有各種不
同的味道，醬汁也要比其他沙拉更刺激一點，這
些都是把味道平淡的蔬菜變成下酒菜的方法。

起司沙拉 +白酒、氣泡葡萄酒

喝酒的時候常會把起司當作下酒菜來吃，
起司有高含量的鈉，跟蔬菜一起吃更好。
試著用大把蔬菜搭配起司，做成健康的下酒菜吧！

⏱ 10～15分　□ 生菜100克　　　　　□ 艾摩塔起司30克
👥 2～3人份　□ 帕馬森乾酪30克　　□ 聖女番茄7顆
　　　　　　 □ 康門貝爾起司1/4塊　 （或普通小番茄）

動手
做醬料

+蜂蜜芥末醬

將橄欖油之外的材料倒入容器中均勻攪拌，然後倒入橄欖油再攪拌一次。

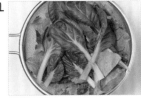

01 將生菜用冷水洗淨後，撕成一口大小再把水瀝乾。

02 將起司切成可一口吃下的形狀，並把聖女番茄切半。

鹽巴1小匙

＋

芥末籽2小匙
（或黃芥末醬）

＋

蜂蜜4小匙

＋

03 把生菜和番茄裝盤，放上起司之後再淋上醬汁。

檸檬之2大匙

＋

橄欖油2大匙

＝

🥗Salad Tip

這道沙拉使用的三種起司　以下三種都不是加工起司，而是天然起司。如果很難買到天然起司，使用加工起司也可以，只要選擇生起司含量高的產品即可。

帕馬森乾酪（Parmigiano Reggiano） 被稱為義大利起司之王，是很堅硬的硬質起司，熟成越久味道越複雜，是義大利羅勒青醬中不可或缺的主材料。廣泛用於沙拉、湯、義大利麵、肉類料理等義大利菜中。

康門貝爾起司（Camanbert） 又香口感又軟的白黴起司，屬於軟質起司。適合抹在麵包或餅乾上食用，外面有層薄薄的皮，不剝下來也可以吃。

艾摩塔起司（Emmental） 瑞士起司，又稱「湯姆貓與傑利鼠起司」，是一種有很多洞的起司。

節瓜茄子捲沙拉 +紅酒、黑啤酒

在節瓜與茄子薄片中放入甜椒，捲在一起之後用烤箱烤的沙拉，
若將火腿片或培根捲在一起拿去烤會更好吃。

140

⏱ 30～35分
🥕 2～3人份

□ 節瓜1個(400克)
□ 茄子1個(150克)
□ 紅甜椒1/2個(100克)
□ 帕馬森乾酪20克
　（或帕馬森起司粉）
　★材料說明參考19頁

□ 鹽巴1小匙
□ 胡椒粉少許
□ 橄欖油少許

動手做醬料

+鯷魚醬

❶ 將鯷魚切碎。❷ 將橄欖油之外的材料放入容器中均勻攪拌，然後倒入橄欖油再攪拌一次。

01
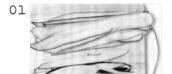
將節瓜和茄子用刨片器切成長長的薄片，均勻撒上鹽巴。

02

將紅甜椒的籽挖掉，然後切成3公分×4公分大小。

03
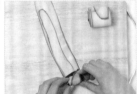
把2片節瓜、1片茄子疊在一起，在其中一端放上甜椒後捲起來。

04
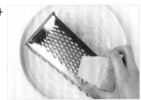
用220℃(迷你烤箱210℃)預熱烤箱。用刨絲板將起司刨成絲。

05
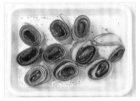
把蔬菜捲放到烤盤裡，撒上胡椒粉和橄欖油。

06

將步驟⑤的烤盤放入預熱好的烤箱中層，烤15分鐘之後撒上帕馬森乾酪，再放進去烤5分鐘。最後搭配醬汁，就可以吃到熱騰騰的下酒菜。

鯷魚3塊
★材料說明參考18頁

＋

碎洋蔥1大匙

＋

紅辣椒粒1/2小匙
（或較粗的辣椒粉）
★材料說明參考19頁

＋

蒜末1小匙

＋

橄欖油3大匙

＝

🥗 Salad Tip

如果想用平底鍋代替烤箱做出美味沙拉？ 用節瓜把甜椒捲起來之後，要用牙籤串起來固定住讓蔬菜捲不要散開。在預熱好的平底鍋上塗抹橄欖油，以中火正反各煎3分鐘。煎的時候要蓋上鋁箔紙，這樣才會連裡面都熟透。裝盤時要撒上起司，最後搭配醬汁即可享用。

🥄 Dressing Tip

如果覺得鯷魚不太合適，也可以改搭配羅勒青醬（參考173頁）或蒜香巴薩米可油醋醬（參考177頁）。

酸豆橄欖醬雞肉沙拉 +紅酒

碎橄欖、酸豆、鯷魚跟橄欖油混合製成的醬汁叫做「酸豆橄欖醬」，
這是源自於法國南部的醬汁，常被用來當作肉類料理的沾醬或義大利麵的醬料。
這道沙拉中不光是醬汁，連肉的沾醬也都用了酸豆橄欖醬。最適合搭配法國紅酒。

⏰ 20～25分
🍽 2～3人份

☐ 雞胸肉1塊(100克)
☐ 紫高麗菜1/4顆(40克)
☐ 生菜80克
☐ 橄欖油2大匙(醬料用)

☐ 醬汁材料(請參考右方)
☐ 檸檬汁1大匙
☐ 砂糖1小匙
☐ 橄欖油1大匙

+酸豆橄欖醬

❶ 將乾番茄和黑橄欖、酸豆切碎(步驟①的照片)。
❷ 在燒熱的平底鍋上抹橄欖油,把醬汁材料都放進去,以中火拌炒3分鐘後關火使其冷卻(步驟②的照片)。

 +

乾番茄3塊(25克)　　黑橄欖5個
★材料說明參考18頁

 +

酸豆2大匙　　橄欖油2大匙
★材料說明參考18頁

 +

碎洋蔥2大匙　　蒜末2小匙

 +

胡椒粉少許　　鹽巴1/2小匙

=

01

製作醬汁。將乾番茄和黑橄欖、酸豆切碎。

02

將橄欖油抹在預熱的平底鍋上,把醬汁材料全部放進去,以中火拌炒3分鐘後關火冷卻。

03

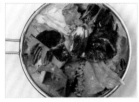

將生菜和紫高麗菜用冷水洗乾淨,撕成一口大小後把水瀝乾。

04

把雞胸肉切成1公分厚,將1/2的雞胸肉沾上步驟②做好的醬料,然後插上竹籤。剩下的醬汁則加入檸檬汁、砂糖、橄欖油,做成沙拉醬。

05

在預熱好的烤盤(或平底鍋)上抹橄欖油,把雞肉串放上去,以中火烤4分鐘。接著把雞肉串和生菜裝盤,再把酸豆橄欖醬淋在生菜上即可。

🍶 Dressing Tip
如果覺得做酸豆橄欖醬有點困難,也可以在市售的義大利麵番茄醬中,加入碎洋蔥、蒜末、橄欖油、鹽巴和胡椒粉,做成另外的醬汁使用。

涮涮鍋沙拉 +清酒、啤酒

把牛肉和蔬菜燙過放涼後，再搭配香噴噴的芝麻味噌醬。
涮涮鍋用的牛肉油脂較少、熱量較低，蓮藕又富含纖維，
對減肥非常好，是道清淡又簡單的下酒用沙拉。

⏱ 15～20分
🍽 2～3人份

□ 涮涮鍋用牛肉150克
□ 蓮藕1/2個(120克)
□ 蘿蔔嬰1杯

＋芝麻味噌醬

將材料用攪拌器拌勻。

芝麻2大匙

＋

砂糖1大匙

＋

碎洋蔥2大匙

＋

料理米酒2大匙

＋

味噌2大匙

＋

檸檬汁1大匙

＋

葡萄籽油1大匙
（或芥花籽油）

＝

01
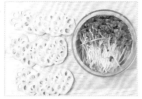

蓮藕剝皮後切成0.3公分厚的片狀。蘿蔔嬰則浸泡在冷水中洗過，再將水瀝乾。

02

用滾水（水5杯＋醋3大匙）汆燙蓮藕40秒，再放進冷水中沖洗瀝乾。

03
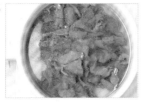

牛肉用滾水（6杯）汆燙30秒後，撈起瀝乾並放涼。

04

把蓮藕和牛肉裝盤，淋上醬汁之後放一點蘿蔔嬰即完成。

🥗Salad Tip

如果想吃得更豐盛？ 這道沙拉不管搭配什麼蔬菜都很適合。可以搭配萵苣、嫩生菜葉等體積較大的蔬菜，看起來感覺更像高級料理。

燻鴨捲沙拉 +啤酒、馬格利酒

燻鴨肉烤過將油逼出來之後，
再用清爽的韓式醃蘿蔔片包起來。
簡單做幾個當成下酒菜，
肯定超受歡迎。

吉康菜牡蠣沙拉 +啤酒

新鮮的牡蠣放在爽脆的吉康菜上，
再搭配味道微酸的Tabasco醬
一次拿一個吃起來很方便，
是最棒的手拿料理。

⏱ 10～15分
🍴 2～3人份

□ 韓式醃蘿蔔10片
□ 燻鴨肉片10片(150克)
□ 小黃瓜1/4個(50克)
□ 甜椒1/2個(100克)
□ 蘿蔔嬰少許(可省略)

[製作燻鴨捲沙拉]

01 將燻鴨肉放到燒熱的平底鍋上，以中火烤2分鐘之後，放到廚房紙巾上吸油。

02 把甜椒、小黃瓜切成0.3公分寬的細絲。

03 把燻鴨肉、小黃瓜、甜椒和蘿蔔嬰放到蘿蔔片上，捲起來裝盤再搭配醬汁。

+黃芥末醬

把所有材料放進容器中均勻攪拌混合。

寡糖2大匙 　+　 鹽巴1/4小匙 　+　 黃芥末2小匙

胡椒粉少許 　+　 醋2小匙

⏱ 10～15分
🍴 2～3人份

□ 吉康菜14片(或大白菜、萵苣)
　★材料説明參考17頁
□ 生牡蠣150克
□ 紅辣椒1個
□ 檸檬1個
□ 嫩生菜葉少許
　(或蘿蔔嬰，可省略)

[製作吉康菜牡蠣沙拉]

01 牡蠣用鹽水洗過後將水瀝乾。

02 吉康菜一片片摘下來，用冷水洗乾淨後將水瀝乾。紅辣椒切成薄片，檸檬則挖出果肉來切碎。

03 每一片吉康菜上放2～3個牡蠣，在放上檸檬和辣椒、嫩生菜葉，然後搭配醬汁。

🥗Salad Tip

沒有吉康菜時該用什麼替代？ 可使用萵苣內層黃色的葉子，或是大白菜內層較小的葉子。萵苣和大白菜都屬於爽口、鮮脆的蔬菜，很適合用來搭配牡蠣。

+Tabasco醬

將葡萄籽油之外的材料倒入容器中，均勻攪拌後倒入葡萄籽油再攪拌一次。

Tabasco 2大匙 　+　 砂糖4小匙 　+　 鹽巴1/2小匙
(或辣椒醬)

檸檬汁2小匙 　+　 葡萄籽油2小匙
(或芥花籽油)

惡魔蛋沙拉 +紅酒、啤酒

因為是放了芥末的辣味食物，
所以被取了惡魔（Deviled）這個名字。
蛋黃跟加了許多芥末的醬料混合之後，
再重新放回蛋白上面，做成這道很棒的手拿料理。
獨特的味道最適合當下酒菜。

20～25分
2～3人份

☐ 雞蛋5個
☐ 紅甜椒1/3個(70克)
☐ 韭菜少許(或蔥,可省略)
☐ 胡椒粉少許

動手
做醬料

+芥末美乃滋醬

將所有材料倒入容器中攪拌
混合。

01

在鍋裡倒入能完全蓋過雞蛋
的水,水滾後就蓋上蓋子把
火關掉,悶12分鐘之後再把
蛋撈出來。

02

將甜椒切成四邊各0.5公分
的丁狀,韭菜則切碎。

03

把水煮蛋的蛋殼剝掉,蛋切
半之後挖出蛋黃,蛋白則用
保鮮膜包起來。

04

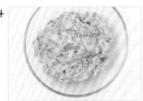

把蛋黃放進碗裡全部壓碎
之後,再加入甜椒、韭菜、醬
汁,均勻攪拌混合。

05

把步驟④做好的餡料放入擠
花袋,擠在蛋白上面,最好再
撒上胡椒粉即可。

美乃滋2大匙

+

芥末籽1大匙(或黃芥末醬)

+

砂糖2小匙

+

鹽巴1/4小匙

+

碎洋蔥1小匙

+

白酒醋2小匙
(或醋)

+

胡椒粉少許

‖

🥗Salad Tip

煮熟雞蛋的方法 煮雞蛋之前,要先在室溫下放20～30分鐘,這樣蛋才
不會破掉。在鍋子裡倒入可充份蓋過雞蛋的水量,加一點鹽巴和醋,打
開蓋子以大火將水煮沸,水沸騰後蓋上蓋子把火關掉,繼續悶6～8分鐘
是半熟,悶12～15分鐘則是全熟。

鯷魚馬鈴薯球與
芹菜棒+啤酒、紅酒

芹菜獨特的爽脆口感與香味，很適合搭配油炸類食品，
因此搭配加了鯷魚製成的炸馬鈴薯球。
為了熱量著想，所以用優格代替美乃滋製成沾醬。

⏱50～55分
🍽2～3人份

☐ 馬鈴薯1個(大的230克)
☐ 鰻魚5塊(20克)
　★材料説明18頁
☐ 芹菜20公分×5根(150克)
☐ 洋蔥1/20個(10克)
☐ 檸檬汁1大匙
☐ 胡椒粉少許
☐ 麵粉1/3杯
☐ 蛋液約2顆蛋量
☐ 麵包粉2/3杯
☐ 食用油2杯

+香草優格沾醬

❶將香芹葉摘下後切碎。
❷將所有材料到入容器中均勻攪拌。

碎香芹1大匙
(或碎蔥、韭菜,可省略)

+

原味優格5大匙

+

鹽巴1/4小匙

=

01

將馬鈴薯切成四等分,裝進蒸盤裡用電鍋蒸15～20分鐘,至馬鈴薯完全蒸熟。

02

將芹菜葉摘掉,並用削皮器把纖維削除後切成10公分長。洋蔥和鰻魚則切碎。

03

馬鈴薯剝皮後,趁還是熱的時候放到容器裡壓成馬鈴薯泥。

04

把鰻魚、洋蔥、檸檬汁、胡椒粉加入步驟③的容器中,均勻攪拌後,揉成可一口吃下的球狀。

05

分別在盤子裡裝入麵粉、蛋液、麵包粉,將馬鈴薯球依序沾裹。

06

將食用油倒入小鍋子中,在180℃時(將麵糰放入滾燙的油鍋裡時,麵團不會碰到底部而會立刻浮起來的熱度)將馬鈴薯球放入,以中火炸40秒～1分鐘直至外皮金黃酥脆再撈起來。最後裝盤並搭配芹菜和沾醬。

🥗Salad Tip

鰻魚馬鈴薯球,不用炸的而用烤的　如果因為鰻魚馬鈴薯球是油炸類而擔心熱量的話,可以做得比較扁平,只沾上蛋液之後用平底鍋烤至表面金黃。另外也可以用燙過的罐頭鮪魚肉代替鰻魚,這樣不喜歡鰻魚的人也能享用。

蘆筍生火腿捲沙拉 +白酒、氣泡葡萄酒

將爽口美味的蘆筍，用鹹鹹的生火腿捲起，再搭配方便入口的哈蜜瓜。
醬料中也加入了碎哈蜜瓜，讓整道料理充滿甜蜜滋味，
非常適合搭配酒精濃度較高的酒。

⏱ 15～20分
🍴 2～3人份

☐ 蘆筍7根
☐ 生火腿4片
☐ 哈密瓜1/2個(或大的香瓜)

+哈密瓜醬

將葡萄籽油以外的材料用攪拌器打勻,然後倒入葡萄籽油再打一次。

哈密瓜1/2個
(或香瓜140克)

＋

檸檬汁1大匙

＋

砂糖2小匙

＋

鹽巴1/2小匙

＋

葡萄籽油1大匙
(或芥花籽油)

＝

01

將蘆筍結實的根部切掉,並切成兩等分。用滾水(水6杯＋鹽巴1/2小匙)汆燙30秒,放到冷水裡浸泡後再將水瀝乾。

02

將哈密瓜的皮剝掉、籽挖掉,然後切成像照片一樣的細長片狀。

03

用生火腿把3根蘆筍捲起來。

04

把蘆筍和哈密瓜裝盤,再搭配醬汁即可。

🥗Salad Tip

有點陌生的材料,生火腿(Prosciutto) 它也被稱為帕瑪火腿,是種薄片狀的生火腿,以豬的大腿肉醃漬製成。在義式料理中會用來捲哈密瓜或義式麵包棒(長的麵包棍)做成開胃菜吃,大多當成義大利麵、三明治的前菜。

香菇烤豆腐沙拉捲 +啤酒

這是道豆腐沾了微辣的照燒醬汁後，搭配沒有任何沙拉醬的蔬菜一起吃，
或是用越南春捲皮捲起來，做成沙拉捲享用的料理。
因為用的都是低熱量食材，所以在深夜食用或當下酒菜，
也不需要擔心熱量。

⏱ 20～25分　□ 越南春捲皮12張　　□ 塌菜1把(20克)
🍴 2～3人份　□ 煎烤用豆腐1/3塊(100克)　□ 紅辣椒2個
　　　　　　　□ 金針菇1/2株(70克)　□ 食用油2大匙

💧 動手
做醬料

01 將金針菇底部切除，以1.5公分為間隔把金針菇撕開，塌菜則用冷水洗乾淨後將水瀝乾。

02 將紅辣椒籽挖掉並切絲。

03 將豆腐切成1公分×6公分的大小，放在廚房紙巾上將水分吸乾。

04 倒油熱鍋，將豆腐以中火煎4分鐘直至表皮金黃。

05 把醬汁倒入步驟④的鍋子裡，讓豆腐均勻沾上醬汁，並以小火燉煮5分鐘。

06 把春捲皮浸泡在溫水中然後放在盤子上，接著用春捲皮把金針菇、豆腐、辣椒捲起來。

＋微辣照燒醬

青辣椒對半切後將籽挖出，再跟釀造醬油、砂糖、料理米酒和檸檬汁一起放入鍋中熬煮，以中火燉煮5分鐘直至鍋內的份量減少至2/3為止。

青辣椒1/2個

＋

砂糖2大匙

＋

釀造醬油4大匙

＋

料理米酒1大匙

＋

檸檬汁1大匙

＝

🍓Salad Tip

沒有春捲皮的話？　可以多增加一些蔬菜的量，搭配煎過的豆腐做成豐盛的沙拉。此時需在微辣的照燒醬中加入2大匙檸檬枝、葡萄籽油1大匙（或芥花籽油），讓醬汁變得更淡、更辣。

花枝蘋果沙拉＋啤酒、白酒、氣泡葡萄酒

爽口的芹菜與甜甜的蘋果，搭配上烤花枝的沙拉。
如果不太會在花枝上畫刀痕，可以直接切成圈狀拿去烤。
又辣又甜的醬汁配上芹菜、香菜，整道料理充滿了異國風味。

⏰ 15～20分
🍴 2～3人份

□ 花枝1隻
□ 蘋果1/3個(80克)
□ 芹菜20公分×4根(120克)
□ 洋蔥1/5個(40克)
□ 香菜少許
　(或芹菜葉,可省略)
　★材料説明參考17頁

□ 鹽巴少許
□ 胡椒粉少許
□ 食用油1大匙

+ 甜辣醬

把甜辣醬、蒜末、魚露到入容器中攪拌混合,再倒入檸檬汁攪拌混合,最後倒入葡萄籽油再攪拌一次。

甜辣醬2大匙
★材料説明參考18頁

+

蒜末1小匙

+

魚露2小匙
★材料説明參考19頁

+

檸檬汁1大匙

+

葡萄籽油2小匙
(或芥花籽油)

‖

01

將芹菜葉摘下後,以削皮器將芹菜莖的纖維削除,並將芹菜莖斜剝切開。洋蔥切絲。

02

將蘋果籽挖掉,並把蘋果切成0.3公分寬的薄片,香菜僅保留葉子部份。

03

把花枝的身體切半,內臟挖出來並將皮剝掉後。在內側劃出刀痕,然後切成3公分×5公分大小的塊狀,腳則是兩根兩根切下。
★花枝的料理方法參考29頁

04

將花枝撒上鹽巴、胡椒粉後串起。

05

平底鍋內倒入油,並把花枝串放上去,以中火翻烤2分鐘。

06

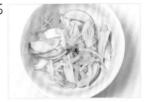

把芹菜、洋蔥、蘋果放到容器裝,與醬汁均勻攪拌。將蔬菜裝盤,再搭配花枝串,最後撒上香菜,剩下的醬汁就淋在花枝上即可。

🍓Salad Tip

使芹菜方便入口的處理法　芹菜的纖維太多,咀嚼起來會讓人覺得很難下嚥,所以要利用削皮器。把表面較有韌性的纖維削除之後,這樣吃起來才會美味。

生比目魚沙拉 +清酒、白酒、氣泡葡萄酒

這是道用葡萄柚汁醃漬生比目魚製成的爽口沙拉。

用葡萄柚汁醃漬過的生魚片，

外表會變得比較堅韌，吃起來也更有嚼勁。

是道非常適合清爽白酒、氣泡葡萄酒或清酒的爽口沙拉。

⏱ 15～20分　☐ 生比目魚70克　　　　　☐ 韭菜少許(可省略)
🥕 2～3人份　☐ 葡萄柚1/2個(230克)　☐ 葡萄柚之2大匙
　　　　　　　☐ 酪梨1/3個　　　　　☐ 鹽巴少許
　　　　　　　☐ 洋蔥1/5個(40克)　　☐ 胡椒粉少許

01

將生比目魚切成四邊各0.7公
分的塊狀,倒入葡萄柚汁1大
匙、鹽巴、胡椒粉,放入冰箱
冷藏10分鐘。

02

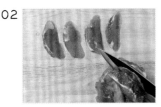

葡萄柚剝皮只留下果肉。
★葡萄柚果肉處理方法參考
29頁

03

將酪梨和葡萄柚果肉切成跟
生比目魚一樣的大小。為了防
止酪梨褐變,請撒上一大匙
葡萄柚汁。
★酪梨處理方法參考29頁

04

將洋蔥和韭菜切碎。

05

把生比目魚、酪梨、葡萄柚、
洋蔥、韭菜依序裝入較深
的碗或杯子中,最後淋上醬
汁。

+ 葡萄柚洋蔥醬

❶將葡萄柚、洋蔥切碎,並將
葡萄柚皮切絲。❷把葡萄柚皮
絲、碎洋蔥、砂糖、鹽巴倒入
容器中混合,最後再倒入葡萄
籽油攪拌。

葡萄柚汁2大匙(1/3個)

＋

砂糖1大匙

＋

碎洋蔥1大匙

＋

葡萄柚皮(把黃色的
皮切成絲)1小匙

＋

鹽巴1小匙

＋

檸檬汁2大匙

＋

葡萄籽油2小匙
(或芥花籽油)

‖

🥗 Salad Tip

沒有生比目魚時該用什麼替代? 可以改用石斑魚或鯛魚,或解凍後的
冷凍鮪魚。油脂較少、較清淡的生魚片都適合,生蝦仁燙過後切碎也很
好吃。

炸牡蠣沙拉 +啤酒、燒酒、高粱酒

新鮮的牡蠣直接吃就很美味，
但如果油炸過後再吃，
還能夠品嚐到牡蠣的清爽滋味。
這道沙拉搭配了能去除油炸食品油膩感的乾烹醬，
是一道會讓人在小酌一杯時想起的料理。

160

⏱ 20～25分
🍴 2～3人份

☐ 生牡蠣150克
☐ 蘿蔓葉4～5片(80克)
☐ 蘿蔔嬰20克(可省略)
☐ 紅辣椒1個
☐ 麵粉1/2杯
☐ 蛋液約2顆蛋的量
☐ 食用油2杯
☐ 麵包粉1杯

01
將蘿蔓葉用冷水洗乾淨,然後撕成1.5公分大,再將水瀝乾。

02
用冷水將蘿蔔嬰洗淨後將水瀝乾,辣椒切片。

03
牡蠣用鹽水(水6杯+鹽巴1小匙)洗過之後將水瀝乾。

04
分別在盤中裝入麵粉、蛋液、麵包粉,並將牡蠣依序沾裹。

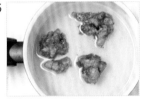

05
把油倒入小湯鍋中,等油燒到170℃(放入麵衣之後麵衣不會碰到鍋子底部,而會馬上浮起來的程度)之後,把完成步驟④的牡蠣放進去,以中火炸1分鐘,起鍋後用廚房紙巾上將多餘的油吸乾。

06
把蘿蔓葉、蘿蔔嬰、辣椒均勻混合擺盤,然後放上炸牡蠣,最後再淋上醬料即可。

🥗 **Salad Tip**

不會失敗的油鍋溫度測量法 在做油炸料理時,油的溫度非常重要。如果沒有溫度計的話,可以放一點麵衣到鍋子裡測試溫度,當麵衣進入油裡面沒有碰到鍋子底部,而是直接冒出來並冒出嗶嗶啵啵的聲音時,就表示油已經燒到可以用來油炸東西的溫度了。

動手做醬料

+乾烹醬

❶將紅辣椒與青辣椒切半,把籽挖掉之後切碎。❷將葡萄籽油之外的材料倒入容器中均勻攪拌,然後倒入葡萄籽油再攪拌一次。

 +

碎紅辣椒1大匙　　　碎青辣椒1小匙

 +

砂糖1大匙　　　釀造醬油2大匙

 +

蒜末1/2小匙　　　碎蔥2小匙

醋1大匙　　　葡萄籽油2小匙
　　　　　　　(或芥花籽油)

=

小章魚沙拉+啤酒

春天有很多卵的小章魚，口感非常有彈性而且越嚼越香。
神仙草是種有點苦又帶有特殊香味的蔬菜，
對身體好到可以當成藥草來使用。
用小章魚和神仙草做一道能夠補身又美味的沙拉吧！

⏱ 20～25分
🍽 2～3人份

☐ 小章魚6隻
☐ 神仙草30克(或芝麻葉)
☐ 萵苣7～8片(70克)
☐ 紅洋蔥1/5個(或洋蔥30克)
☐ 食用油2大匙
☐ 鹽巴少許
☐ 胡椒粉少許

動手
做醬料

＋辣椒檸檬汁淋醬

❶將紅辣椒和洋蔥切碎。❷將葡萄籽油之外的材料倒入容器中攪拌混合，然後倒入葡萄籽油再攪拌一次。

01 將神仙草縱向切半，萵苣則用冷水洗淨後撕成可一口吃下的大小，再將水瀝乾。

02 將紅洋蔥切成0.5公分寬絲。

03 在小章魚的頭頂輕輕劃幾刀，把內臟和墨汁擠出來，並把腳往外翻，切掉章魚嘴。

04 把小章魚放入容器中，倒入麵粉(2大匙)並用水柱清洗後再將水瀝乾。

05 將油倒入預熱過的平底鍋中，把小章魚放上去，撒上鹽巴、胡椒粉，以中火翻炒3分鐘。

06 把蔬菜和小章魚裝盤，然後淋上醬汁即可。

碎辣椒1個

＋

碎洋蔥1大匙

＋

砂糖2大匙

＋

鹽巴1又1/2小匙

＋

蒜末1小匙

＋

橘子醋4大匙(或醋3大匙 ＋砂糖2小匙)

＋

葡萄籽油2大匙 (或芥花籽油)

＝

🥗 Salad Tip

挑選新鮮小章魚的方法 小章魚在多卵的春天是最美味的時候，新鮮的小章魚顏色透明有光澤，吸盤非常清楚明顯，很適合搭配豬肉，有助恢復體力。

烤柳葉魚沙拉 +清酒、啤酒

又被稱為多春魚的柳葉魚，味道又香又清淡，是可以連骨頭一起吃的魚類。
肚子裡有一大堆卵的柳葉魚，也是特別受歡迎的下酒菜，
跟加了綠芥末的醬汁是絕妙組合。可以在大型超市或百貨公司冷凍魚區買到。

⏱ 15～20分
🥕 2～3人份

☐ 柳葉魚10條
☐ 小黃瓜1個(200克)
☐ 洋蔥1/5個(40克)
☐ 櫻桃蘿蔔1個(可省略)

☐ 鹽巴少許
☐ 胡椒粉少許
☐ 食用油2大匙

01

削除小黃瓜表面,切成0.3公分的片狀。

02

將洋蔥和櫻桃蘿蔔依照原本的樣子切開。

03

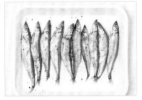

將柳葉魚裝在盤子裡,撒上胡椒粉調味。
★冷凍柳葉魚要先放在冷藏室裡,完全解凍後才能使用。

04

將油倒入平底鍋,放入柳葉魚,以中火翻烤4分鐘直至表皮金黃。

05

把蔬菜均勻擺盤,淋上醬汁後再搭配烤好的柳葉魚即可。

+芥末橙汁醬

將葡萄籽油之外的材料倒入容器中攪拌混合,然後倒入葡萄籽油再攪拌一次。

碎洋蔥1大匙

＋

砂糖2小匙

＋

鹽巴1小匙

＋

柳橙汁4小匙

＋

綠芥末(Wasabi)2小匙

＋

醋1大匙

＋

葡萄籽油1大匙
(或芥花籽油)

＝

🥗Salad Tip

冷凍柳葉魚,正確的解凍與料理法 不太會做菜的人,在烤柳葉魚的時候很容易就會讓魚碎掉,記得請將柳葉魚抹上麵粉再拿去烤,這樣不僅可以維持柳葉魚的完整外形,也可以讓魚肉更香。不過熱量會增加,請多注意。

烤秋刀魚乾沙拉 + 燒酒、馬格利酒

秋刀魚乾烤過之後，獨特的腥味就會消失，外皮變得酥脆，內層則變得有嚼勁。
搭配味道強烈的芝麻葉和洋蔥，更能夠控制秋刀魚乾的味道，讓整道料理更美味。
對腥味十分敏感的人，也能夠盡情地享用這道料理。

15～20分
2～3人份

□ 秋刀魚乾6塊(100克)
□ 芝麻嫩葉2把
　(60克，或芝麻葉)(手抓一
　把的量請參考29頁)

□ 洋蔥1/4個(50克)
□ 食用油1大匙

+ 青陽辣椒醬

❶將青陽辣椒切半，並將籽挖
除切碎。❷將麻油之外的材
料倒入容器中均勻攪拌，倒入
麻油後再攪拌一次。

碎青陽辣椒1小匙

+

砂糖1大匙

+

辣椒粉1大匙

+

碎蔥1大匙

+

鹽巴1小匙

+

醋2大匙

+

麻油1大匙

＝

01

將秋刀魚乾切成4～5公分
長，在燒熱的平底鍋抹油後
將秋刀魚乾放上去，以中火
前後各翻烤1分鐘。

02

用冷水將芝麻嫩葉洗淨並把
水瀝乾，洋蔥則切絲。

03

把芝麻嫩葉和洋蔥裝入碗
裡，淋上醬汁後進行攪拌。

04

把步驟③的蔬菜裝盤，再放
上秋刀魚乾搭配。

Salad Tip

有點陌生的材料，秋刀魚乾　這是韓國在11月以後，將捕獲的鯡魚或秋
刀魚風乾製成的冬季食物。不斷重複晚上結凍、白天解凍這個過程，使
肉質十分有嚼勁且魚類脂肪更香，是很受歡迎的特殊料理。通常會沾辣
椒醬搭配昆布、蔥、海帶一起吃。

chapter 5

簡單又時尚的
宴客沙拉

喬遷宴、生日派對等招待客人時，絕不能漏掉的
菜色之一就是沙拉。事先將材料和醬汁做好放
在冰箱裡，等客人來就立刻端上桌，搭配飯、海
鮮、肉類都能兼具美味與營養。製作招待客人用
的沙拉，最重要的就是必須在視覺上多下功夫。
材料的顏色要更多變，所以份量可以裝多一些，
或是利用醬汁等讓料理看起來更有品味。即便是
同樣的材料，使用方法不同或在搭配材料上多用
點心思，看起來就更高級。用烤肉或烤魚做副餐
或搭配一人沙拉，雖然會有點可惜，但如果是很
多人一起享用的話，花點心思做烤肉或烤魚也不
為過吧？用一點小努力，做出更豐盛、華麗的沙
拉，享受一下大家稱讚的感覺吧！

卡布沙拉

1930年代，名為Robert Howard Cobb的人在自己位於好萊塢的餐廳裡，
利用冰箱裡一些剩下的材料完成這道沙拉，後來此道沙拉逐漸有名，便被命名為「卡布沙拉」。
這道沙拉也曾在電影「美味關係」中出現過，因此更提高了知名度。
各位試著利用家中的各種材料，做成個人專屬的卡布沙拉吧！

⏰ 20～25分　□ 蘿蔓葉2～3片(40克)　□ 酪梨1個
👤 2～3人份　□ 番茄1個(小的，135克)　□ 黑橄欖8個(可省略)
　　　　　　□ 雞蛋1個　　　　　　□ 鹽巴1/4小匙
　　　　　　□ 雞胸肉1塊(100克)　　□ 胡椒粉少許
　　　　　　□ 培根4條(50克)　　　□ 食用油1大匙

01

將蘿蔓葉用冷水洗淨後，撕成方便入口的大小後將水瀝乾。番茄切成四邊各1.5公分的番茄塊。把雞蛋和可完全蓋過雞蛋的水倒入鍋中，用大火燒到水滾後關火，蓋上蓋子悶12分鐘。

02

將培根切成2公分寬後，以小火乾煎5分鐘，然後用廚房紙巾將油吸掉。

03

用鹽巴、胡椒粉替雞胸肉調味。在預熱好的平底鍋上抹食用油，再把雞胸肉放上去，以中正反後各煎3分鐘至表皮金黃。

04

雞胸肉冷卻後，切成四邊各1.5公分的塊狀。

05

將煮熟的蛋、酪梨切成四邊各1.5公分的塊狀，黑橄欖則切成3～4等分。接著把材料全部裝入盤中，再淋上醬料。
★酪梨的處理方式參考29頁

🥗 Salad Tip

作成更簡單的沙拉　如果不是要招待客人，只是要當作正餐或配菜的話，只要從營養價值相似的雞胸肉、培根與雞蛋中擇一放入，並省略掉黑橄欖即可。

+ 法國醬

將砂糖、芥末籽醬、白酒醋放入容器中，均勻攪拌之後倒入橄欖油再攪拌一次。

砂糖1大匙

+

芥末籽醬2小匙
(或黃芥末醬)

+

白酒醋3大匙
(或紅酒醋、一般醋)

+

橄欖油3大匙

=

卡布里沙拉

廣為人知的卡布里沙拉，是用番茄和新鮮莫札瑞拉起司搭配巴薩米可油醋製成。
這裡做了點改變，改用聖女蕃茄和切塊的起司，搭配羅勒青醬，做起來更簡單。
可以將棍子麵包烤到酥脆，搭配沙拉吃。

⏱ 10～15分
🍴 2～3人份

- ☐ 聖女番茄20個
  （或小番茄）
- ☐ 生莫札瑞拉起司100克
- ☐ 松子1大匙（或碎核桃）
- ☐ 羅勒葉少許（可省略）
  ★材料說明參考17頁
- ☐ 鹽巴1/6小匙
- ☐ 胡椒粉少許

+ 羅勒青醬

把所有材料用攪拌器打勻。

羅勒葉10張
★材料說明參考17頁

+

松子2大匙（15克）

+

帕馬森乾酪2大匙
（或帕馬森起司粉，10克）
★材料說明參考19頁

+

蒜末1小匙

+

鹽巴1/3小匙

+

橄欖油2大匙

=

01

將聖女番茄切半。

02

將生莫札瑞拉起司切成四邊
各1.5公分的塊狀。

03

將莫札瑞拉起司放在廚房紙
巾上把水吸乾，然後撒上鹽
巴、胡椒粉調味。

04

用平底鍋以中火翻炒松子3分
鐘。

05

把聖女番茄和生莫札瑞拉起
司裝盤，撒上松子和羅勒，最
後淋上醬料。

🥗 Salad Tip

生莫札瑞拉起司與披薩起司的差異　通常說到「莫札瑞拉（Mozzarella）」一
般人都會想到披薩用起司。而「生莫札瑞拉起司」是用水牛乳製成，是一
種未經熟成過程的生起司，浸泡在稀鹽水中販售，有效期限很短，質地
又軟又嫩，很適合生吃；相反地，披薩起司則是用在披薩或焗烤時，烤了
會融化牽絲的加工起司，適合煮熟再吃，可冷凍保存且有效期限也較長。

🥗 Dressing Tip

如果找不到羅勒葉或帕馬
森乾酪，可以搭配香蒜巴薩
米可油醋醬（參考177頁）。

烤甜椒沙拉

生吃的甜椒口感又脆味道又清爽，把這些甜椒烤過剝皮後就會更甜更香，
可以享用到高級的滋味。甜椒如果搭配麵包或餅乾一起吃，
不僅可以是一道開胃菜，也是搭配紅酒與啤酒的絕佳下酒菜。

⏱ 30～35分　□ 紅甜椒1個(200克)　□ 艾摩塔起司30克
👥 2～3人份　□ 黃甜椒1個(200克)　　(或帕馬森乾酪)
　　　　　　□ 嫩生菜葉1把(20克)(手抓　□ 全麥麵包2片
　　　　　　　一把的量請參考29頁)

動手
做醬料

+芥末巴薩米可醋醬

把材料都倒入小湯鍋中,均勻攪拌混合後,以小火燉煮10分中直至剩下1/2的份量為止(步驟①的照片)

01

製作醬汁。把材料全部放進小湯鍋中,攪拌混合後以小火燉煮10分鐘直至剩下1/2的量為止。

02

把全麥土司麵包放到燒熱的烤盤(或平底鍋上),以大火烤30秒～1分鐘。

巴薩米可醋1/3杯

+

砂糖3大匙

+

03

用冷水把嫩生菜葉洗淨,然後將水瀝乾。艾摩塔起司切成0.3公分厚片。

04

用夾子或筷子夾住甜椒,放在瓦斯爐上直接用火把皮烤黑。

芥末籽1大匙(或黃芥末醬)

+

鹽巴1/2小匙

=

05

把步驟④的甜椒裝在容器中,蓋上保鮮膜放涼,之後再把皮剝掉。

06

將步驟⑤的甜椒切半,籽挖除後切成0.5公分寬。然後把麵包鋪在盤子裡,將甜椒、艾摩塔起司、嫩生菜葉放在上面,再淋上芥末巴薩米可醋醬即可。

🥗Salad Tip

用火烤甜椒皮的理由是?　用火烤甜椒是用來把堅韌外皮剝掉的方法,同時也是透過這樣將甜椒烤熟,讓甜椒變得更甜且帶有煙燻香。

烤香菇沙拉

香菇烤過後口感和味道會更好,所以可將各種香菇和白花椰菜烤過後,
製成能夠一起享用的沙拉。無論是哪一種香菇都可以,請利用冰箱裡剩餘的香菇。
烤的時候用烤盤,食材上就會出現烤盤的痕跡,看起來更美味。

⏱ 15～20分　　□ 香菇3個(75克)　　□ 碎香芹少許(可省略)
👥 2～3人份　　□ 平菇3把(150克)(手抓一把　□ 橄欖油3大匙
　　　　　　　　　的量請參考29頁)　　　□ 鹽巴少許
　　　　　　　□ 蘑菇4個(50克)　　　　□ 胡椒粉少許
　　　　　　　□ 白花椰菜1/4個
　　　　　　　　　(或綠花椰菜50克)

動手做醬料

+香蒜巴薩米可油醋醬

將橄欖油外的材料放入容器中
均勻攪拌後，加入橄欖油再攪
拌一次。

01

將香菇切成2～4等分，平菇
每2～3個一組撕開，蘑菇根
部切掉。

02

將白花椰菜切成方便入口的
大小。把菇類和花椰菜放入
容器裡，倒入橄欖油拌勻。

蒜末1大匙
+

巴薩米可醋2大匙
+

03

把花椰菜放到預熱好的烤盤
（或平底鍋上），撒上鹽巴、
胡椒粉後，以中火烤1分鐘。

04

把菇類放到步驟③的烤盤
上，撒上鹽巴、胡椒粉後烤1
分鐘。

砂糖2小匙
+

鹽巴2小匙
+

橄欖油1大匙
||

05

把菇類和花椰菜裝盤，搭配
醬料之後再撒上碎香芹即
可。

🥗Salad Tip

正確處理香菇的方法　最近可以買到很多不同種類的香菇，只要從其中
選出自己喜歡的菇類使用即可。無論是哪一種菇，只要是新鮮的香菇，
烤起來就會很香很有嚼勁。因為香菇不會噴農藥，所以只要用廚房紙巾
輕輕擦拭，不需要用水洗。

藍起司沙拉

藍起司搭配優格時，味道會變得比較柔和。

如果平時因為藍起司的特殊味道而無法享用這它，那現在就是能輕鬆入口的好機會了。

藍起司也很適合搭配柿餅這類甜甜的水果乾一起吃喔！

⏱ 10～15分
🍴 2～3人份

☐ 蘿蔓葉6～8片(120克)
☐ 藍起司40克
　(或奶油起司)
☐ 柿餅2個(或葡萄乾、其他
　水果乾，50克)

☐ 杏仁片1大匙(或核桃、其
　他堅果類)

＋藍起司醬

將橄欖油之外的材料用攪拌器打勻，然後倒入橄欖油再打一次。

藍起司1大匙

＋

原味優格3大匙

＋

檸檬汁1大匙

＋

砂糖2小匙

＋

橄欖油1大匙

＝

01

將蘿蔓葉底部切除後洗乾淨，將水瀝乾。

02

藍起司撕成方便入口的大小。

03

柿餅切成0.5公分寬塊狀。

04

將杏仁片放入已預熱好的平底鍋上，以中火翻炒2～3分鐘。

05

將蘿蔓和藍起司、柿餅裝盤，淋上醬料後再撒上杏仁片搭配即可。

🥗Salad Tip
如果無法接受藍起司的味道或買不到藍起司？ 藍起司為了散發獨特的味道，特別使用藍黴菌加工，其中以古岡左拉和洛克福最具代表性。如果覺得藍起司的強烈味道太難承受，或是找不到藍起司的話，可以用市售的奶油起司來製作醬料。

牛角蛤橘子沙拉

帶點隱約甜味和絕佳口感的牛角蛤，很適合跟酸甜的柳橙搭配在一起。
因此不僅是沙拉材料，連醬料中也加入了大量的柳橙。
這裡還加入了帕碼森起司，讓沙拉變得更與眾不同。

⏱ 20～25分
🍴 2～3人份

☐ 牛角蛤肉4個(140克)
☐ 柳橙1個
☐ 嫩生菜葉2把(40克)(手抓一把的量請參考29頁)
☐ 帕馬森乾酪30克
　★材料説明參考19頁

☐ 橄欖油1大匙
☐ 鹽巴少許
☐ 胡椒粉少許

★材料説明參考19頁

動手
做醬料

+柳橙醬

❶ 將柳橙皮切絲,洋蔥切碎。
❷ 將葡萄籽油之外的材料倒入容器中,均勻攪拌後倒入葡萄籽油再攪拌一次。

 +

柳橙皮絲
(把黃色的皮切成絲)
1大匙

碎洋蔥2大匙

 +

柳橙汁3大匙

乾香芹1/2小匙
(可省略)

  +

鹽巴1/2小匙

蒜末1/4小匙

  +

檸檬汁1大匙

葡萄籽油1大匙
(或芥花籽油)

||

01

以220℃預熱烤箱(迷你烤箱210℃)。在烤盤上鋪烤盤紙,並用刨絲板將帕馬森乾酪刨成碎絲,在烤盤上鋪成扁圓形,接著放到烤箱中層烤15～17分鐘。

02

柳橙皮剝掉後只留下果肉。嫩生菜葉用冷水清洗後瀝乾。
★處理橘子果肉的方法參考29頁。

03

將牛角蛤肉照著原本的形狀切成3等分,並抹上橄欖油和胡椒粉。

04

把牛角蛤肉放到燒熱的烤盤(或平底鍋)上,撒下鹽巴後以大火正反面各烤20秒。
★蛤肉烤太久會變太老,所以要注意烤的時間。

05

把牛角蛤肉、柳橙、嫩生菜葉裝盤,淋上醬料後將帕馬森乾酪瓦片餅剝碎搭配。

🍓 Salad Tip

常用於西式料理裝飾的瓦片餅　Tuile是法文「瓦片」的意思,所以形狀像瓦片的圓形餅乾都稱為瓦片餅。起司瓦片餅有著酥脆的口感又帶有點鹹鹹的味道,在西式料理中常用來裝飾,若沒有起司則可以省略。

烤蝦金桔沙拉

這是放上整隻烤蝦，讓用來招待客人的菜色看起來更有品質的料理。
常用於東南亞料理中的甜麵醬，非常適合搭配蝦子和金桔，
味道又甜又好吃，是道連小孩都喜歡的沙拉。

⏱ 15～20分　2～3人份

□ 鮮蝦6隻
□ 塌菜4把(80克)
□ 金桔5個(或橘子、柳橙)
□ 洋蔥1/5個(40克)
□ 花生2大匙
□ 鹽巴少許
□ 胡椒粉少許
□ 食用油1大匙

+花生甜麵醬

將葡萄籽油之外的材料用攪拌器打勻，接著加入葡萄籽油再拌一次。

砂糖1大匙

+

甜麵醬2大匙 (或釀造醬油2大匙＋砂糖1大匙)
★材料說明參考19頁

+

花生奶油1大匙

+

檸檬汁2大匙

+

葡萄籽油1大匙 (或芥花籽油)

||

01

用冷水將塌菜洗乾淨，瀝乾。

02

金桔切半，洋蔥切成0.3公分寬的絲。

03

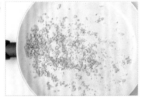

花生切碎後放入燒熱的平底鍋中，以中火翻炒2～3分鐘。

04

在蝦子背部畫一刀，然後撒上鹽巴、胡椒粉調味。

05

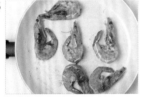

將油倒入已預熱的平底鍋中，把蝦子放上去以中火正反面各烤2分鐘。將塌菜、金桔、洋蔥放入容器裡，淋上醬料攪拌後裝盤，放上蝦子後撒上炒花生即可。

🍴Salad Tip

做起來更容易的沙拉　可用冷凍蝦肉代替鮮蝦，做起來也比較容易，此沙拉非常適合搭配肉類或義大利麵。可用橘子或柳橙代替金桔。

炒蝦菠菜沙拉

菠菜味道很甜，很適合做沙拉的蔬菜。

炒得辣辣的蝦子跟甜甜的菠菜味道非常和諧，是用來招待客人的完美菜色。

炒蝦的時候如果不加辣椒粒，小朋友就可以一起享用囉！

⏱ 25～30分
🥕 2～3人份

☐ 菠菜6把(300克)(手抓一把的量請參考29頁)
☐ 蝦仁10隻(150克)
☐ 洋蔥1/2個(100克)
☐ 帕馬森乾酪少許(或帕馬森起司粉)
　★材料說明參考19頁

☐ 蒜末1/2小匙
☐ 辣椒粒1/2小匙
　(或粗辣椒粉)
　★材料說明參考19頁
☐ 鹽巴少許
☐ 胡椒粉少許
☐ 橄欖油2大匙

01

製作醬汁。把巴薩米可醋、砂糖、鹽巴倒入小湯鍋內，以小火燉煮10分鐘至剩下1/2的量。再加入辣椒粒和橄欖油，攪拌混合後，把火關掉靜置冷卻。

02

將菠菜根部切除，用水清洗葉子部份，瀝乾。

03

將洋蔥切成1公分寬的大小。

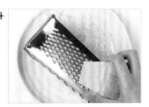

04

用刨絲板把帕馬森乾酪刨成絲。

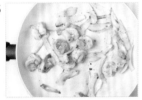

05

將橄欖油倒入預熱好的平底鍋，放入蝦仁、洋蔥、蒜末、辣椒粒、鹽巴、胡椒粉，以中火翻炒3分鐘。接著把菠菜裝在碗裡，上面放上炒蝦仁和洋蔥，再淋上醬汁、撒上帕馬森乾酪即可。

🥗Salad Tip
選擇沙拉用菠菜的方法　菠菜要用來做沙拉時，最好選擇又小又嫩的品種，尤其是從冬天到早春的菠菜，吃起來更甜更美味。

動手做醬料

+辣巴薩米可油醋醬

❶將巴薩米可醋、砂糖、鹽巴放入小湯鍋中，攪拌混合後以小火燉煮10分鐘至剩下1/2的量。❷加入辣椒粒和橄欖油，攪拌混合後把火關掉靜置冷卻（步驟①照片）。

巴薩米可醋1/3杯

+

砂糖2大匙

+

鹽巴1/2小匙

+

辣椒粒1/2小匙
(或粗辣椒粉)
★材料說明參考19頁

+

橄欖油1大匙

=

直火鮪魚沙拉

將原本是生魚片的鮪魚，直接用火將表面稍微烤熟就叫做直火鮪魚，
再撒上完整的芝麻，香味更是無人能及。
搭配爽口的蘿蔔嬰與清爽的檸檬，味道簡單俐落，特別適合用來招待客人。

⏱ 20～25分
🍴 2～3人份

□ 冷凍鮪魚200克
□ 洋蔥1/5個(40克)
□ 酪梨1/2個
□ 蘿蔔嬰30克
□ 檸檬1/2個
□ 櫻桃蘿蔔1個(可省略)
□ 白芝麻2大匙
□ 黑芝麻2大匙
□ 鹽巴1/3小匙
□ 胡椒粉少許
□ 麻油2大匙
□ 食用油1大匙

01

在盤子裡裝微溫的鹽水（水6杯＋鹽巴1小匙），將冷凍鮪魚放入約5分鐘解凍，再用廚房紙巾把水擦乾。

02

將鹽巴、胡椒粉撒在鮪魚上調味，再抹上麻油，並把白芝麻與黑芝麻混合在一起，均勻裹在鮪魚表面。

03

將食用油倒入預熱好的平底鍋，把步驟②的鮪魚放上去，用大火一面各烤20秒，稍微將鮪魚肉外層烤熟。

04

蘿蔔嬰用冷水洗淨後將水瀝乾，洋蔥切成細絲。酪梨剝皮後切成0.5公分寬片狀，並把檸檬切成薄片，櫻桃蘿蔔依照原本的形狀切片。
★酪梨處理法參考29頁

05

步驟③的鮪魚冷卻後切成1公分寬。把蘿蔔嬰鋪在盤子裡，上面放上鮪魚、洋蔥、酪梨、檸檬與櫻桃蘿蔔，再搭配醬汁即可。

🥗Salad Tip
冷凍鮪魚正確解凍&沒有梅干時可替代的醬汁 冷凍鮪魚要浸泡在微溫的稀鹽水中，解凍到只有一點硬的程度，再來用廚房紙巾把水擦乾，放進冰箱冷藏室保存。如果解凍太徹底肉可能會碎掉，必須多加注意。做醬汁時如果沒有梅干，可用黃芥末檸檬醬（參考117頁）或日式味噌醬（參考117頁）代替。

動手做醬料

+梅干醬

❶ 將梅干切碎。❷ 將葡萄籽油之外的材料倒入容器中攪拌混合，接著倒入葡萄籽油後再攪拌一次。

梅干6粒
（或碎檸檬果肉1/3個）
★材料說明參考18頁
＋

料理米酒1大匙
＋

砂糖4小匙
＋

鹽巴1/2小匙
＋

碎洋蔥1小匙
＋

醋2大匙
＋

葡萄籽油1大匙
（或芥花籽油）
＝

燻鮭魚馬鈴薯沙拉

這是利用燻鮭魚做出的特別沙拉。
把白花椰菜和馬鈴薯燙熟後一起搭配，看起來相當豐盛，
又辣又刺鼻的醬汁，能稍稍蓋過燻鮭魚的油膩感。
這道沙拉的營養非常均衡，
也可以做少一點當成一人份的餐點來吃。

⏱ 30～35分
🍴 2～3人份

- ☐ 小馬鈴薯約15個(300克)
- ☐ 蒜頭2顆
- ☐ 白花椰菜1/2個
  (或綠花椰菜100克)
- ☐ 燻鮭魚片5片(100克)
- ☐ 韭菜1/2把(20克)(手抓一把的量請參考29頁)
- ☐ 洋蔥1/4個(50克)
- ☐ 酸豆15粒
  ★材料說明參考18頁
- ☐ 鹽巴1小匙

01

將馬鈴薯、蒜頭、鹽巴放入湯鍋中,並倒入可蓋過所有食材的水,以大火熬煮,沸騰之後要繼續煮到所有馬鈴薯都浮在水面上,再把馬鈴薯撈出來。

02

將花椰菜切成方便入口的大小,放進沸騰的鹽水(水6杯+鹽巴2小匙)中汆燙20秒,撈起瀝乾。

03

把韭菜切成2公分長,洋蔥切成四邊各0.3公分的洋蔥丁。

04

將燻鮭魚切成方便入口的大小。

05

把馬鈴薯、燻鮭魚、酒菜、洋蔥、酸豆放入容器裡,淋上醬汁後均勻攪拌再裝盤即可。

＋辣根醬

把所有材料倒入容器中攪拌均勻。

辣根醬1大匙
(或綠芥末醬1/2大匙)
★材料說明參考19頁

＋

碎洋蔥1大匙

＋

美乃滋3大匙

＋

砂糖2小匙

＋

鹽巴1/2小匙

＋

檸檬汁1大匙

＝

🍶 Dressing Tip

辣根(Horseradish)是西洋芥末的根部磨碎製成的白色黏稠醬料,跟芥末一樣又開胃又辣,很適合用來搭配烤牛肉或燻鮭魚等較油膩的料理。

燻鮭魚石榴沙拉

將燻鮭魚搭配甜甜的石榴製成沙拉，醬料中放了酸豆，讓味道更清爽。
酸酸的滋味就是這道料理的重點，可以在女性朋友的聚會上端出來享用。

⏱ 10～15分
🥕 2～3人份

☐ 燻鮭魚片5片(100克)
☐ 萵苣15～16片(150克)
☐ 塌菜1把(20克)
☐ 石榴少許(可省略)

☐ 檸檬少許(可省略)
☐ 酸豆1大匙
  ★材料說明參考18頁

O1

將萵苣和塌菜一起用冷水洗淨，撕成方便入口的大小後瀝乾。

O2

將燻鮭魚切成方便入口的大小。

O3

將每一粒石榴都摘下來，檸檬切成0.3公分厚的薄片。

O4
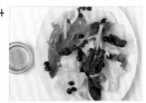

把萵苣、塌菜裝盤，再放上燻鮭魚、石榴、酸豆、檸檬，淋上醬料即可

動手
做醬料

+酸豆醬

將葡萄籽油之外的材料用攪拌器打勻，接著倒入葡萄籽油再打一次。

碎洋蔥1大匙
+

檸檬汁2大匙
+

酸豆2小匙
★材料說明參考18頁
+

砂糖2小匙
+

鹽巴1/2小匙
+

葡萄籽油1大匙
＝

🍓 Dressing Tip

沒有酸豆的話，可用芥末醬（參考101頁）或梅汁醬（參考113頁）搭配。

191

煎鮭魚佐烤甜菜根沙拉

甜菜根是烤過後會釋放出甜味的蔬菜，非常適合搭配煎鮭魚。
而甜甜的甜菜根醬，能讓鮭魚吃起來更軟嫩，
紅色的醬汁則能提振食慾，襯托沙拉的美味。

⏰ 30～35分　　☐ 鮭魚排2片(220克)　　☐ 鹽巴1又1/3小匙
🍽 2～3人份　　☐ 嫩生菜葉2把(40克)(手抓　☐ 胡椒粉少許
　　　　　　　　一把的量請參考29頁)　☐ 橄欖油3大匙
　　　　　　　☐ 甜菜根1個(160克)　　☐ 碎香芹少許(可省略)

動手
做醬料

+烤甜菜根醬

將烤甜菜根、柳橙汁、鹽巴用攪拌器打勻,然後倒入葡萄籽油再打一次。

01

用220℃預熱烤香(迷你烤箱210℃),用鋁箔紙將甜菜根連皮包住,加入橄欖油1大匙、鹽巴1小匙、胡椒粉少許,封口後放在烤箱中層烤25分鐘。

02

嫩生菜葉用冷水洗乾淨之後將水瀝乾。

烤甜菜根1/3個(50克)

+

柳橙汁4大匙

+

鹽巴1小匙

+

葡萄籽油1大匙
(或芥花籽油)

‖

03

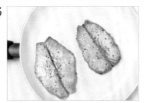

鮭魚撒點鹽巴、胡椒粉調味。在預熱的平底鍋裡倒入2大匙橄欖油,放上鮭魚後以中火正反面各煎3分鐘。

04

步驟①的甜菜根冷卻後將皮剝掉,切下做醬料用的1/3,剩下則切成四邊各1.5公分的塊狀。將甜菜根塊裝進容器裡,加入1/3小匙鹽巴和碎香芹攪拌。

05

將鮭魚和寶貝蔬菜、烤甜菜根裝盤,再搭配醬料即可。

🥗 Dressing Tip

買不到甜菜根可用很適合搭配鮭魚料理的黃芥末醬(參考101頁)和巴薩米可醋蒜醬(參考177頁),此時沙拉中的甜菜根也可省略。

烤白鱈魚沙拉

我們選擇青江菜和紅吉康菜來搭配烤白鱈魚，清爽的青江菜和有嚼勁的紅吉康菜，適合搭配脂肪多又香的白鱈魚，顏色對比也很鮮明、華麗，非常適合招待客人。

⏱ 15～20分
🥕 2～3人份

☐ 冷凍白鱈魚1片(150克)
☐ 紅吉康菜1/2個(150克)
☐ 青江菜2株(120克)
☐ 蔥白少許(可省略)
☐ 葡萄籽油1大匙(醬料用)
☐ 食用油1大匙

動手做醬料

01

淋上3大匙事先做好的醬料到鱈魚肉上,醃漬5分鐘。剩下的醬料則和葡萄籽油混合做成淋醬料。

02

蔥切絲後浸泡在冰水裡,泡到彎曲後就撈起瀝乾。

03

將紅吉康菜切成3等分,青江菜切半。

04
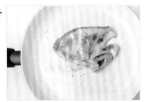

把鱈魚和醃漬用的醬汁倒入預熱好的平底鍋,以中火將正反兩面各煎2分30秒～3分鐘,裝盤。

05

將食用油倒入步驟④的平底鍋裡,放上紅吉康菜和青江菜之後,以大火翻烤1分鐘。把烤好的紅吉康菜、青江菜放在鱈魚旁邊搭配,接著放上蔥絲並淋上醬料就完成了。

＋生薑醬油

❶ 將碎生薑1大匙和水1大匙混合之後,把碎生薑撈出來做成生薑汁。

❷ 把材料倒入容器裡均勻混合做成醬汁。

 生薑汁1大匙 ＋   料理米酒1大匙

 砂糖1/2小匙 ＋   辣椒粒1/2小匙(或粗辣椒粉)
★材料說明參考19頁

 釀造醬油4小匙 ＋   胡椒粉1大匙

 檸檬之1大匙 ＝

🍓Salad Tip

適合這道沙拉的其他蔬菜 可以用鮭魚排代替鱈魚。如果找不到青江菜或紅吉康菜的話,可以將高麗菜和紫高麗菜大塊切開,烤過後使用。

雞肉水參沙拉

這道料理是最能展現誠意的沙拉了。
水參的味道很適合搭配優格醬，而且熱量很低，
很適合一群想減肥的人在聚會時吃。

☐ 雞胸肉1塊(100克)
☐ 水參1/2根(30克)
☐ 萵苣7～8片(70克)
☐ 小黃瓜1個(200克)
☐ 蘿蔔嬰少許(可省略)

☐ 黑芝麻1/2大匙
　(或白芝麻)
☐ 鹽巴1大匙
☐ 胡椒粉少許
☐ 蒜頭1個

★編按：台灣不容易買到水參，可以其他喜好的食材代替。

動手做醬料

＋水參優格醬

❶將水參切碎。❷將水參、優格、寡糖、鹽巴、檸檬汁倒入容器中，攪拌均勻後倒入葡萄籽油再攪拌一次。（也可省去水參，直接做優格醬）

01

在湯鍋裡加入水（4杯）、鹽巴、胡椒粉、蒜頭煮沸之後，放入雞胸肉以中火熬煮。水滾後繼續煮15分鐘，然後將雞胸肉撈出。

02

將熟雞胸肉的水分擦乾，依照肉的紋理撕開。

碎水參20克
（水參1/3根）
＋

原味優格4大匙
＋

寡糖1大匙
＋

鹽巴1小匙
＋

檸檬汁1大匙
＋

03

萵苣用冷水洗淨後撕成方便入口的大小，瀝乾。小黃瓜則切成5公分長，切絲。

04

將水參剝皮後切絲。

葡萄籽油1大匙
（或芥花籽油）
＝

05

把雞胸肉、萵苣、小黃瓜、水參裝進碗裡，淋上醬汁後再放上蘿蔔嬰與黑芝麻即可。

🥗Salad Tip

處理水參 & 替代雞胸肉　首先把水參的上半部（苗）切掉，洗乾淨之後縱向畫刀痕並把皮剝掉，或是用削皮器把皮削掉。雞肉則可用蝦子、鮑魚、海螺等海鮮替代。

東洋風味雞肉沙拉

沙拉佐微辣的甜麵醬，是道十分開胃的料理。

炸過的粉條放在沙拉上，就讓這道料理變得豐盛又有質感。

跟小朋友一起吃的時候，可以減少蒜頭和辣椒粒的分量，讓味道不會太辣。

⏱ 20～25分　　☐ 雞胸肉1塊(100克)　　☐ 蒜頭1個
🥕 2～3人份　　☐ 萵苣10～11片(100克)　☐ 鹽巴2小匙
　　　　　　　☐ 小黃瓜1/2個(100克)　☐ 胡椒粉少許
　　　　　　　☐ 芹菜25公分(40克)　　☐ 粉條少許(可省略)
　　　　　　　☐ 紅辣椒1個　　　　　☐ 食用油1/2杯(可省略)

+ 甜麵蒜醬

將葡萄籽油之外的材料倒入
容器中，攪拌均勻之後倒入葡
萄籽油再攪拌一次。

01

在湯鍋裡倒入水（4杯），加
入鹽巴、胡椒粉、蒜頭，煮沸
放入雞胸肉。以中火煮到水
沸騰，再繼續滾15分鐘，最
後把煮熟的雞胸肉撈出。

02

用冷水將萵苣洗乾淨，撕成
方便入口的大小，瀝乾。

蒜末1大匙

＋

甜麵醬2大匙(或釀造醬油2大
匙＋砂糖1大匙)
★材料說明參考19頁

＋

03

小黃瓜縱向對半切後再斜切
片，芹菜則是將葉子摘下，用
刨絲器將纖維刨下，切成跟
小黃瓜一樣的大小。辣椒則
是切片。

04

粉條撕成5公分長。把油倒入
小湯鍋中，加熱到170℃（一
根粉條放入後會立刻炸成白
色的程度）後把粉條倒入，以
中火油炸10秒撈起，再用廚
房紙巾將油吸乾。

砂糖1小匙

＋

辣椒粒2小匙
(或粗辣椒粉)
★材料說明參考19頁

＋

05

燙熟的雞胸肉冷卻後把水
擦乾，照著肉的紋理把肉絲
開。

06

把雞肉、萵苣、小黃瓜、芹菜
裝盤、淋上醬料之後再佐辣
椒、炸粉條。

醋2大匙

＋

葡萄籽油1大匙
(或芥花籽油)

＝

🥗 Salad Tip

如果覺得炸粉條很麻煩？ 配炸粉條的話既可以讓沙拉看起來更豐盛，
也可以增添爽脆口感，但如果覺得準備起來很麻煩，也可以把蔥白切絲
後浸泡在冷水中，去除辣味直接拿來使用。

香草豬肉沙拉

豬肉用香草調味去除腥味後，味道就變得很好聞，
用油脂較少的里肌肉味道也很香。
韭菜和蘋果都是很適合搭配豬肉的材料，
再淋上甜甜的醬汁，
讓整道料理的味道更清爽，
這道沙拉也可以當配菜唷！

⏱ 20～25分
👤 2～3人份

☐ 豬里肌肉150克
☐ 蘋果1/2個(100克)
☐ 韭菜1把(40克)(手抓一把的量請參考29頁)
☐ 洋蔥1/5個(40克)
☐ 檸檬汁2大匙
☐ 乾奧勒岡葉1小匙(或乾香芹,可省略)
☐ 鹽巴少許
☐ 胡椒粉少許
☐ 食用油2大匙

＋蘋果辣椒醬

將葡萄籽油以外的材料用攪拌器打勻,然後倒入葡萄籽油再打一次。

 ＋

蘋果1/4個(50克)　　砂糖1大匙

 ＋

醋3大匙　　　　碎洋蔥2小匙

 ＋

蒜末2小匙　　釀造醬油2小匙

 ＋

辣椒粉2小匙　　胡椒粉少許

 ＝

葡萄籽油2小匙
(或芥花籽油)

01

將蘋果籽挖掉後切絲,並淋上檸檬汁。韭菜洗乾淨之後切成5公分長。
★蘋果淋上檸檬汁就能防止褐變。

02

洋蔥切絲。

03

豬里肌肉切成0.5公分的薄片,撒上乾奧勒岡葉、鹽巴、胡椒粉調味。

04

將食用油倒入預熱好的平底鍋上,把豬肉放上去,以中火煎3分鐘。

05

把蘋果、韭菜、洋蔥放入容器裡,跟醬料攪拌在一起後裝盤,再搭配煎好的豬肉即可。

🍓Salad Tip

香草的角色與替代的方法　豬肉撒了香草之後,就可以壓住原本的腥味。而所有香草中,以奧勒岡和迷迭香最適合,但如果沒有香草,也可以用市售的香草鹽替代。

豬肉串沙拉

這是用曼谷街頭常見的小吃豬肉串所研發出的沙拉，
醬料中加了磨碎的花生，使醬料更為香濃可口。
如果淋檸檬汁或萊姆汁在豬肉串上，吃起來就更加清爽不油膩。

⏰ 20～25分
🍴 2～3人份

☐ 豬頸肉140克
☐ 小黃瓜1/2個(100克)
☐ 豆芽菜1把(50克)(手抓一把的量請參考29頁)
☐ 紫高麗菜2～3張(或高麗菜60克)
☐ 香菜葉少許(或芹菜葉,可省略)★材料説明參考17頁

☐ 食用油2大匙
☐ 鹽巴1/2小匙

醬料
☐ 檸檬汁2大匙
☐ 砂糖1小匙
☐ 葡萄籽油2大匙(或芥花籽油)

＋東南亞式花生醬

把所有材料用攪拌器打勻。

炒過的花生1杯(110克)

＋

黑砂糖4大匙(或砂糖)

＋

碎洋蔥1大匙

＋

檸檬汁2大匙

＋

魚露2大匙
★材料説明參考19頁

＋

蒜末2小匙

＋

釀造醬油2小匙

＝

01
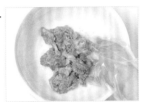

將豬頸肉切成方便入口的大小,用醬汁4匙與鹽巴醃漬10分鐘。剩下的醬汁則跟檸檬汁、砂糖和食用油混合作成沙拉醬。

02

小黃瓜切成0.5公分寬,紫高麗菜則切成0.3公分寬。豆芽菜用冷水洗淨後將水瀝乾。

03

把步驟①的豬肉用竹籤串起來。

04

將食用油倒入預熱好的平底鍋,把豬肉串放上去,以中火煎2分30秒,煎到表面成金黃色。

05

小黃瓜、豆芽菜、紫高麗菜、香菜葉裝盤,淋上醬料,再放上豬肉串搭配即可享用。

🌿**Salad Tip**

製作各種肉串＆豆芽菜燙過再用 可用雞肉或牛肉、蝦子等肉類代替豬肉,先用部份醬汁醃漬,再用竹籤串起來烤過之後拿來搭配。不太敢生吃豆芽菜的人,可以把綠豆芽用微波爐(700W)加熱30～40秒。

泰式牛肉沙拉

豆芽菜、小黃瓜的爽脆口感和開胃的辣椒醬，
讓這道沙拉能夠有效提振食慾。
用春捲皮把做好的沙拉捲起來吃也很好吃喔！

⏱ 15〜20分
🍽 2〜3人份

☐ 牛肩胛肉150克
☐ 豆芽菜2又1/2把(120克)
　(手抓一把的量請參考29頁)
☐ 小黃瓜1/2個(100克)
☐ 紅洋蔥1/3個
　(或洋蔥55克)
☐ 紅辣椒1個
☐ 香菜少許(或芹菜葉,可省略)★材料說明參考19頁
☐ 鹽巴少許
☐ 胡椒粉少許
☐ 食用油2小匙

+醃辣椒醬

❶ 把泰國醃辣椒切片。
❷ 將葡萄籽油之外的材料倒入容器裡,攪拌均勻之後倒入葡萄籽油再攪拌一次。

 +

泰國醃辣椒5個　　釀造醬油1大匙
(或青辣椒1個)
★材料説明參考19頁

 +

黑砂糖2大匙　　魚露1大匙
　　　　　★材料説明參考19頁

 +

蒜末2小匙　　胡椒粉少許

 +

檸檬汁1大匙　　葡萄籽油1大匙
　　　　　　　(或芥花籽油)

||

01
用冷水把豆芽菜洗乾淨,瀝乾。

02
把小黃瓜切成5公分長,然後縱向對半切,再切成0.3公分寬。

03
將紅洋蔥切絲、辣椒斜切片。

04
用廚房紙巾把牛肉的血水壓出來,撒上鹽巴、胡椒粉調味。將牛肉放入平底鍋以中火烤1分鐘。

05
牛肉冷卻後切成方便入口的大小。

06
將蔬菜和牛肉放入容器中,倒入醬料並將所有材料混在一起,裝盤後再放上香菜葉搭配即可。

🥗Salad Tip
不太敢生吃豆芽菜的話該怎麼辦?　可以把豆芽菜用微波爐(700W)加熱30〜40秒再拿來用。也可以把萵苣撕成方便入口的大小,代替豆芽菜。

生牛肉薄片沙拉

生牛肉薄片沙拉是西式的生肉沙拉，巴薩米可醋和洋菇很適合搭配牛里肌肉，
可以當作開胃菜，或是餐後配酒的下酒菜。

⏰ 1小時10分
～1小時15分
🍴 2～3人份

☐ 牛里肌肉100克
☐ 洋菇3個(70克)
☐ 帕馬森乾酪10克
　(或帕馬森起司粉)
　★材料説明參考19頁
☐ 碎香芹少許(可省略)

★材料説明參考19頁

01

用廚房紙巾把牛肉包住,然後再包上一層保鮮膜,放進冷藏室裡冰20分鐘。

02

將洋菇切成0.2公分寬的薄片,帕馬森乾酪則用刨絲器刨成薄片。

03

把步驟①的牛肉拿出來,切成可透光的薄片。

04

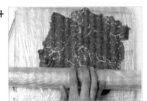

用保鮮膜包住砧板和**擀麵棍**,並一一把牛肉薄片放到砧板上,用**擀麵棍**把牛肉片擀成一大片,配合盤子的大小調整牛肉片的大小。用保鮮膜包覆盤子,把牛肉放上去之後再蓋上一層保鮮膜,放到冷凍庫裡冰20分鐘。

05

把盤子和肉片上的保鮮膜斯掉,將牛肉裝到盤子裡,放上洋菇,淋上醬料,再撒上帕馬森乾酪與碎香芹即可。

🐷**Salad Tip**

選擇 & 處理沙拉用牛肉　因為牛肉是生吃,所以最好買冷藏肉。將牛肉擀平再放到冷凍室的動作,具有殺菌的效果,更能安心享用。

動手做醬料

+松露巴薩米可醋醬

❶將洋蔥切碎,把巴薩米可醋跟碎洋蔥、砂糖、鹽巴倒入容器裡攪拌混合。❷在淋沙拉之前,倒入松露油攪拌混合。★松露油(浸泡過法式3大美食松茸,增添其風味的油)要最後放,才能盡情享受松露油的美味。

巴薩米可醋2大匙

＋

碎洋蔥1大匙

＋

砂糖1小匙

＋

鹽巴2/3小匙

＋

橄欖油1小匙

＋

松露油2小匙(可省略)

＝

牛排沙拉

柔嫩的上肩胛肉牛排，搭配烤過的蔬菜，就成了一道架式十足的沙拉。
如果肉的份量很多，就能用來取代正式的肉類料理。
搭配的蔬菜可使用家中剩下的蔬菜。

⏱ 15～20分
🍴 2～3人份

☐ 牛上肩胛肉150克
☐ 蘆筍3根
☐ 黃甜椒1個(200克)
☐ 小番茄6個
☐ 鹽巴少許
☐ 胡椒粉少許
☐ 橄欖油2大匙

01

將蘆筍斜切半,黃甜椒切成3公分寬的四角形。用廚房紙巾將牛肉的血水吸乾。

02

倒一大匙橄欖油在預熱好的平底鍋上,放入蘆筍、甜椒和小番茄,撒上鹽巴、胡椒粉後,以中火翻烤1～2分鐘,起鍋備用。

03

再倒一大匙橄欖油到步驟②的平底鍋裡,放入牛肉後撒上鹽巴、胡椒粉,同樣以中火翻烤1～2分鐘,起鍋。

04

把醬汁的材料倒入步驟③的平底鍋裡,以中火燉煮30秒。

05

將牛肉、蘆筍、甜椒、小番茄裝盤,再搭配煮好的醬汁即可。

+ 牛排醬

把材料放入烤過蔬菜、牛肉的平底鍋中,以中火燉煮30秒。

A1牛排醬3大匙
(或一般牛排醬)

+

醋1大匙

+

砂糖1小匙

+

寡糖1/2小匙

+

蒜末1/2小匙

+

芥末籽2小匙
(或黃芥末醬)

=

🥗 Dressing Tip

烤過蔬菜和肉的平底鍋,會有肉的肉汁和蔬菜的香味,如果用這個鍋子來做醬料,就能做出味道更香醇濃郁的醬料。

100%活用剩下的沙拉

試著把吃剩的沙拉變成全新的料理吧!用剩下的沙拉來做菜,
雖然是簡單、相同的材料,卻會有全然不同的全新風味。

蓋飯

用沙拉也可以做成蓋飯。隨著沙拉味道特性的不同,可以
搭配白飯、雜糧飯、醋飯(2碗飯加1大匙砂糖、2大匙醋、
1/2小匙鹽巴)或是拌了麻油的飯。這裡將本書介紹的沙
拉,與其適合搭配的飯列出來,請大家用剩下的沙拉試試
看吧!

・用香菇烤豆腐沙拉捲做蓋飯

材料2人份
香菇烤豆腐沙拉捲的內餡、照燒醬、飯2碗

作法
❶製作香菇烤豆腐沙拉和醬料(參考154頁)
❷把飯裝進大碗裡。
❸把香菇烤豆腐沙拉平鋪在步驟❷的碗裡。
❹根據個人喜好淋上照燒醬。

➕ 其他可用來做蓋飯的沙拉

我們可以把剩下的沙拉蓋在白飯上,
並把醬汁當成蓋飯醬淋在上面。在利
用剩下的沙拉時,可以直接把醬汁拿
來使用,但如果要重新做醬汁的話,
請把油的份量減少1/2,這樣吃起來更
清淡。

・炸豆腐茴芹沙拉(食譜在第68頁)
　★適合搭配玄米飯
・韓式五花肉白菜沙拉(食譜在第76頁)
　★把大白菜切得更碎,跟五花肉一起
　蓋在飯上
・燙香菇沙拉(食譜在第92頁)★將荷
　包蛋切碎之後,跟燙過的香菇、烤肉醬
　一起淋在白飯上。
・肉丸沙拉(食譜在第126頁)★用紫米
　飯搭配肉丸和蔬菜。
・涮涮鍋沙拉(食譜在第144頁)★用沾
　了醋飯醬的飯,搭配蓮藕和切碎的牛
　肉。
・炸牡蠣沙拉(食譜在第160頁)★蔬菜
　再切得更碎一點,配炸牡蠣一起吃。
・烤柳葉魚沙拉(食譜在第164頁)★把
　沙拉蓋在沾了醋飯醬的白飯上,再搭
　配用醋醃過的薑一起吃。

紫菜飯捲或沙拉捲

利用吃剩的沙拉作成簡單的紫菜飯捲,或是用春捲皮包起來做成與眾不同的沙拉捲。

・用高麗菜沙拉作成的海苔飯捲

材料2人份
高麗菜沙拉1杯、海苔2張、熱飯2碗、飛魚卵6大匙、釀造醬油少許、山葵(芥末)少許
飯的醬料 砂糖1大匙、醋2大匙、鹽巴1/2小匙

作法
❶ 做好高麗菜沙拉(參考36頁)
❷ 把高麗菜沙拉的水分瀝乾。
❸ 將飯醬的材料到入碗裡攪拌均勻。
❹ 把熱飯跟飯的醬料一起倒入碗裡,均勻攪拌在一起。
❺ 鋪平海苔,舀1/2步驟❹做好的飯到上面,均勻平鋪在2/3的海苔上。
❻ 把高麗菜沙拉在其中一側鋪成一長條,接著同樣平鋪3大匙魚卵,將海苔捲起來之後,切成方便入口的大小。最後再搭配芥末或醬油。

⊕ **其他適合做成海苔飯捲或沙拉捲的沙拉**

適合做成紫菜飯捲的沙拉
・燻鴨捲沙拉(食譜在第146頁)
★把燻鴨和蘿蔔切成長條狀,放在醋飯上做成紫菜飯捲。

適合做成沙拉捲的沙拉
把沙拉鋪在越南春捲皮上捲起來沾醬料吃。春捲皮裡可以放蘋果薄荷、羅勒、香菜等香草類,也可以把辣椒切碎加進去。
・奇異果蟹肉沙拉(食譜在第60頁)
・東南亞風蝦肉沙拉(食譜在第118頁)
・花枝蘋果沙拉(食譜在第156頁)
・東洋風味雞肉沙拉(食譜在第198頁)
・泰式牛肉沙拉(食譜在第204頁)

三明治

剩下的沙拉夾進麵包裡吃，是很多人都已經知道的作法。如果使用水分較多的沙拉，會讓三明治變得濕軟難吃，因此要盡量避免。麵包可以是吐司麵包，也可以是比較硬的貝果。如果想做更不一樣的三明治，也可以用牛角麵包、拖鞋麵包或佛卡夏等。

・用地瓜沙拉作三明治

材料2人份
地瓜沙拉1杯、迷你雜糧法國麵包2個、蘿蔓2張、萵苣2張
蜂蜜芥末醬 美乃滋2大匙、蜂蜜2小匙、芥末籽1小匙（或芥末醬）

作法
❶ 做好地瓜沙拉（參考46頁）。
❷ 把蜂蜜芥末醬的材料倒入小碗中混合。
❸ 將法國麵包切開之後，在麵包內側抹上滿滿的蜂蜜芥末醬。
❹ 塞入蘿蔓和萵苣各一片到麵包裡，然後將1/2杯的地瓜沙拉平鋪在麵包中。
❺ 剩下的另外一個麵包也用同樣的方法製作。

➕ 其他可用來做三明治的沙拉

可直接使用左邊教的三明治做法中的蔬菜和蜂蜜芥末醬，內餡可替代為以下沙拉。

・馬鈴薯沙拉（食譜在第44頁）
　★把馬鈴薯沙拉完全壓成泥之後夾在麵包裡。
・奇異果蟹肉沙拉（食譜在第60頁）
　★將沙拉的水分瀝乾後再夾進麵包裡。
・酸豆橄欖醬雞肉沙拉（食譜在第142頁）
　★把雞肉串的竹籤拔掉再夾進麵包中。
・惡魔蛋沙拉（食譜在第148頁）
　★連蛋白一起壓碎之後夾在麵包裡。
・燻鮭魚馬鈴薯沙拉（食譜在第188頁）
　★將馬鈴薯壓成泥之後，跟燻鮭魚一起夾在麵包裡。
・牛排沙拉（食譜在第208頁）
　★可將蜂蜜芥末醬混入一點牛排醬再拿來用。

卡薩迪亞（墨西哥薄餅）

卡薩迪亞是在薄餅中加入起司和各種材料之後，用平底鍋煎至外皮酥脆的墨西哥料理，可使用適合搭配起司一起吃的沙拉。

·用蘋果甜菜根沙拉製作卡薩迪亞

材料1～2人份
蘋果甜菜根沙拉1/2杯、薄餅2片、披薩起司2/3杯、鹽巴少許、胡椒粉少許

作法
① 做好蘋果甜菜根沙拉（參考58頁）。
② 將蘋果甜菜根沙拉的水分瀝乾。
③ 將一片薄餅鋪在平底鍋上，並撒上1/3杯的披薩起司。
④ 把步驟②的沙拉平鋪在步驟③的薄餅上，撒上鹽巴、胡椒粉。
⑤ 把剩下的披薩起司撒在步驟④的薄餅上，然後用另外一片薄餅蓋上去。
⑥ 用中火把平底鍋燒熱之後，在把薄餅放上去正反面各烤2～3分鐘，直至外皮酥脆為止。
　★切成4等分之後，沾酸奶油或原味優格吃。

➕ 其他可用來做卡薩迪亞的沙拉

沙拉如果有很多水的話，就要先把水瀝乾，這樣做出來的卡薩迪亞才會酥脆爽口不濕軟。

· 玉米沙拉（食譜在第36頁）
· 紅蘿蔔沙拉（食譜在第60頁）
· 墨西哥豆沙拉（食譜在第52頁）
· 烤大蔥沙拉（食譜在第84頁）
　★將大蔥切成4公分長再放進薄餅中。
· 莎莎醬與酪梨醬（食譜在第120頁）
· 炒蝦菠菜沙拉（食譜在第184頁）
　★請把蝦子和芹菜切碎後放入。

213

吃沙拉 SALAD

100道冷熱沙拉×100款獨門醬料

作　　者》 池銀暻
譯　　者》 陳品芳

發 行 人》 黃鎮隆
協　　理》 陳君平
美術總監》 沙雲佩
資深主編》 周于殷
封面設計》 曲文瑩
國際版權》 劉惠卿

出　　版》 城邦文化事業股份有限公司　尖端出版
　　　　　 台北市民生東路二段141號10樓
　　　　　 電話／（02）2500-7600　傳真／（02）2500-1975
　　　　　 讀者服務信箱：spp_books@mail2.spp.com.tw
發　　行》 英屬蓋曼群島商家庭傳媒股份有限公司
　　　　　 城邦分公司　尖端出版行銷業務部
　　　　　 台北市民生東路二段141號10樓
　　　　　 電話／（02）2500-7600　傳真／（02）2500-1979
　　　　　 劃撥專線／（03）312-4212
　　　　　 劃撥帳號／50003021 英屬蓋曼群島商家庭傳媒（股）公司城邦分公司
　　　　　 ※劃撥金額未滿500元，請加附掛號郵資50元
法律顧問》 通律機構 台北市重慶南路二段59號11樓

台灣地區總經銷》
　　　　　 ◎中彰投以北（含宜花東）高見文化行銷股份有限公司
　　　　　 　電話／0800-055-365　傳真／（02）2668-6220
　　　　　 ◎雲嘉以南　威信圖書有限公司
　　　　　 　（嘉義公司）電話／0800-028-028　傳真／（05）233-3863
　　　　　 　（高雄公司）電話／0800-028-028　傳真／（07）373-0087
馬新地區總經銷》
　　　　　 城邦（馬新）出版集團 Cite（M）Sdn Bhd（458372U）
　　　　　 電話：（603）9057-8822　傳真：（603）9057-6622
　　　　　 E-mail：cite@cite.com.my
　　　　　 大眾書局（新加坡）　POPULAR（Singapore）
　　　　　 電話：65-6462-9555　傳真：65-6468-3710
　　　　　 E-mail：feedback@popularworld.com
　　　　　 大眾書局（馬來西亞）　POPULAR（Malaysia）
　　　　　 電話：603-9179-6333 傳真：03-9179-6200、03-9179-6339
　　　　　 客服諮詢熱線：1-300-88-6336
　　　　　 E-mail：popularmalaysia@popularworld.com
香港地區總經銷》
　　　　　 城邦（香港）出版集團 Cite（H.K.）Publishing Group Limited
　　　　　 電話：（852）2508-6231　傳真：（852）2578-9337
　　　　　 E-mail：hkcite@biznetvigator.com

版　　次》 2015年7月1版15刷　Printed in Taiwan
　　　　　 ISBN 978-957-10-5287-8

國家圖書館出版品預行編目資料

吃沙拉：100道冷熱沙拉×100款獨門醬
　料／池銀暻著；陳品芳譯. --初版.
　-- 臺北市：尖端，2013.07
　　面；公分
　ISBN 978-957-10-5287-8（平裝）

1.食譜

427.1　　　　　　　　　　102009475